Rajeswari Packianathan
Suresh Kumar Natarajan
Gobinath Arumugam

Integridade do sinal na placa-mãe - Teoria e projeto de interligações

Rajeswari Packianathan
Suresh Kumar Natarajan
Gobinath Arumugam

Integridade do sinal na placa-mãe - Teoria e projeto de interligações

ScienciaScripts

Imprint

Cover image: www.ingimage.com

This book is a translation from the original published under ISBN 978-3-330-33093-1.

Publisher:
Sciencia Scripts
is a trademark of
Dodo Books Indian Ocean Ltd. and OmniScriptum S.R.L publishing group

120 High Road, East Finchley, London, N2 9ED, United Kingdom
Str. Armeneasca 28/1, office 1, Chisinau MD-2012, Republic of Moldova, Europe
Printed at: see last page
ISBN: 978-620-8-06310-8

ÍNDICE DE CONTEÚDOS

CAPÍTULO 1

LINHAS DE INTERCONEXÃO DE ALTA VELOCIDADE

1.1 INTRODUÇÃO

Este é um capítulo introdutório que cobre os princípios básicos da integridade do sinal e os vários parâmetros que influenciam a integridade do sinal. Garantir a qualidade do sinal é necessário para o funcionamento correto das placas de circuitos impressos de alta velocidade e é uma tarefa importante. Nos níveis mais fundamentais, a integridade do sinal assegura a qualidade do sinal à medida que este se propaga da extremidade transmissora para a extremidade recetora. A transmissão do sinal entre dois pontos pode ser feita com fios, por exemplo, através de fibras ópticas ou cabos de cobre, ou sem fios, por exemplo, através de uma rede de telemóveis. A integridade do sinal é uma preocupação importante para a comunicação a longas distâncias, mas também para distâncias de transmissão mais curtas. Nos sistemas digitais de alta velocidade, a via de transmissão ou a ligação entre a placa-mãe e uma placa-filha a ela ligada pode constituir um problema significativo para a integridade do sinal. Tal deve-se a tecnologias recentes que permitem uma velocidade multi-gigabit mais elevada, um tempo de subida do sinal mais rápido, uma dimensão funcional mais pequena e uma maior integração de blocos analógicos e digitais num espaço limitado, tornando a análise da integridade do sinal uma tarefa exigente para os projectistas e fabricantes de placas de circuito impresso. A maior densidade de circuitos diversos com caraterísticas mais pequenas e circuitos mais sofisticados aumenta a probabilidade de interferência electromagnética. A libertação não intencional de interferências electromagnéticas tornou-se um grande problema para os projectistas de circuitos, uma vez que os efeitos da integridade do sinal conduzem a um fraco desempenho do sistema ou do circuito. Os principais efeitos na integridade do sinal são as reflexões devidas a interrupções de ligação, a interferência de diafonia causada por ligações adjacentes na placa de circuito impresso e as perturbações na distribuição de energia devidas à comutação de dispositivos digitais. Estes problemas de integridade do sinal têm de ser atenuados através de uma conceção adequada das ligações de alta velocidade para otimizar o desempenho da placa de circuito impresso. Em geral, as interligações de alta velocidade podem ser utilizadas para transmitir sinais de alta velocidade através de PCB [1]. medida que os requisitos de desempenho das aplicações de alta velocidade aumentam, aumenta também a procura de interligações de alta velocidade. Consequentemente, a conceção das interligações desempenha um papel fundamental na determinação do desempenho dos circuitos digitais, de RF e de micro-ondas de alta velocidade.

1.2 LINHAS DE INTERCONEXÃO DE ALTA VELOCIDADE

Uma ligação é um caminho condutor necessário para estabelecer uma ligação entre um elemento de circuito e outro elemento de circuito numa placa de circuito impresso, como mostra a Figura 1.1. A ligação pode assumir a forma de uma resistência, de um indutor ou de um condensador. O trajeto é determinado pelas dimensões físicas da ligação, como a largura, o comprimento e a espessura. Simultaneamente, no caso das ligações de alta velocidade, o tempo que o sinal demora a percorrer os seus pontos terminais não deve ser negligenciado. A noção de alta velocidade refere-se tanto ao conteúdo de frequência do sinal como à extensão física da ligação, em particular o seu comprimento. Quanto mais longa for a ligação, mais tempo o sinal tem de percorrer entre os seus pontos terminais, ao contrário das ligações mais curtas [2]. Quando o comprimento da linha é da ordem de um décimo do comprimento de onda do sinal, o comprimento da ligação torna-se cada vez mais importante.

Figura 1.1 Fio de ligação simples para ligar componentes dentro/fora do chip

A baixas frequências, as ligações de alta velocidade comportam-se como um circuito ideal, uma vez que não existe qualquer efeito de linha de transmissão nestas ligações. No entanto, a altas frequências, o efeito de linha de transmissão domina e modifica a impedância da linha de transmissão. O desfasamento da impedância resulta deste efeito de alta frequência, o que conduz a uma redução da qualidade do sinal. A conceção adequada das ligações de alta velocidade é essencial para as PCB de alta velocidade, a fim de evitar problemas de integridade e qualidade do sinal, em especial nos receptores em que o sinal é muito fraco. Deutsch et al. apresentaram a importância dos efeitos da linha de transmissão para ligações curtas, médias e longas e também formularam diretrizes de conceção [3].

Consequentemente, a ligação intermédia pode ser classificada como uma ligação eléctrica longa ou curta, e ambas são modeladas de formas diferentes [4]. Se a ligação for curta, deve ser modelada como um modelo simples de taxa fixa, caso contrário pode ser modelada como um modelo distribuído [5], conforme mencionado na Tabela 1. Além disso, taxas mais rápidas e taxas de subida mais elevadas tendem a adicionar cada vez mais conteúdo de alta frequência ao sinal que passa pela linha. Além disso, o tempo de subida do sinal pode degradar-se se o tempo de subida no extremo do recetor for superior ao tempo de subida no extremo da fonte. A deterioração do tempo de subida também contribui para o atraso global do sinal, uma vez que influencia os níveis lógicos máximo e mínimo que podem ser alcançados entre os intervalos de comutação devido à incompatibilidade de impedância entre o condutor e o recetor.

Com base no circuito, a hierarquia dos níveis de interconexão pode ser classificada da seguinte forma, de acordo com a sua dimensão,

- Nível 1 : Ligações no chip
- Nível 2: Ligações e caixas de módulos multi-chip
- Nível 3 :Ligações de placas de circuitos impressos
- Nível4: Placa-mãe
- Nível 5 : Conectores de bastidor

O desempenho de sistemas electrónicos inteiros depende fundamentalmente da excelente conceção e modelização das ligações acima referidas. A integridade do sinal é importante não só para a transmissão de dados a alta velocidade, mas também para as redes de distribuição do relógio em circuitos integrados e redes numa pastilha (NoC) e sistemas numa pastilha (SoC), bem como para as interligações verticais necessárias para a integração 3D [5].

1.3 ANÁLISE DO CONTEXTO

Se o nível de um sinal que percorre o comprimento de um tronco for razoavelmente constante, pode ser tratado com o conceito de elemento de soma fixa, como é o caso dos troncos curtos. Se um sinal ao longo da ligação for de natureza analógica, o sinal não varia muito num intervalo correspondente a um vigésimo do período do sinal. Durante este intervalo, o sinal pode variar 16% da variação máxima possível, sendo adequado um modelo simples de corpo RC. No entanto, para sinais digitais, a necessidade de um modelo de linha de transmissão é determinada pela comparação do atraso de propagação com o tempo de subida [5]. O tempo de subida é o tempo necessário para que o sinal suba de 10% para 90% do seu valor final. O atraso de propagação é o rácio entre o comprimento da ligação e a velocidade de propagação. Se o tempo de subida for inferior a 2,5 vezes o atraso de voo, é necessário um modelo de linha de transmissão. Se o tempo de subida for maior que 5 vezes o atraso de vôo, um modelo simples de corpo RC é suficiente. O modelo de linha de transmissão é criado por um modelo RLC distribuído compatível com o Spice ou por um modelo de linha de transmissão completo, dependendo dos requisitos de precisão e das capacidades de um programa de simulação de circuitos disponível [4].

Table 1 Classification of interconnects based on their electrical lengths

Criteria	Type of interconnect	Model required
$\ell < \lambda/10$	Electrically short	Lumped
$\ell > \lambda/10$	Electrically long	Distributed

1.4 TIPOS DE LINHAS DE TRANSMISSÃO PLANARES

As linhas de transmissão podem ser utilizadas em todos os circuitos electrónicos, desde os circuitos digitais de baixa frequência até aos circuitos de alta frequência e micro-ondas. As linhas de transmissão planares são, de facto, estruturas de circuitos impressos, o que significa que as caraterísticas do elemento podem ser determinadas pelas suas dimensões num único plano. As principais razões pelas quais as linhas de transmissão planares são amplamente utilizadas são as suas dimensões compactas, elevada fiabilidade, reprodutibilidade e peso reduzido. O seu fabrico é geralmente pouco dispendioso, uma vez que se adaptam facilmente às tecnologias de fabrico de circuitos integrados híbridos e monolíticos. Foram concebidas numerosas estruturas de linhas de transmissão planas para componentes de RF e micro-ondas, e continuam a ser desenvolvidas variantes. As estruturas de linhas de transmissão planas mais utilizadas são a linha microstrip, a linha de bandas, o guia de ondas coplanar (CPW), as bandas coplanares (CPS) e a linha de ranhuras [6]. As ligações de alta velocidade em placas de circuito impresso ou módulos multichip (MCM) podem ser tratadas como linhas de transmissão individuais ou acopladas. Em geral, as linhas de transmissão planares podem ser utilizadas para transmitir sinais digitais de alta velocidade entre componentes em aplicações como placas-mãe de computadores, placas gráficas e telemóveis.

O stripline é uma versão modificada da configuração de linha coaxial desenvolvida por Barrett em 1955[7]. Devido à sua boa blindagem electromagnética e às baixas perdas por atenuação, os striplines são adequados para aplicações que requerem um elevado fator de qualidade e baixa interferência. A principal dificuldade no desenvolvimento de circuitos stripline é o facto de estes exigirem uma elevada simetria. A necessidade de destruir a simetria para aceder ao condutor central tornou-se uma grande dificuldade nos circuitos de sintonia [7]. A Figura 1.2 mostra uma configuração de stripline em que uma tira condutora está embebida num dielétrico entre duas superfícies de base.

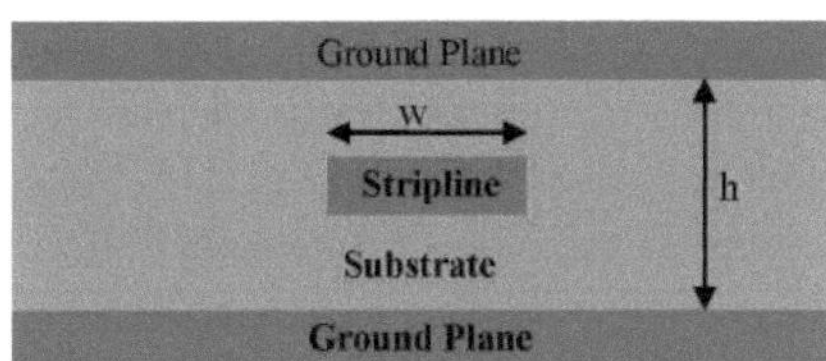

Figura 1.2 Stripline

Grieg & Engelmann propuseram a microstrip como uma nova técnica de transmissão para sinais de alta frequência [8]. Devido à sua facilidade de fabrico e semelhança com as linhas convencionais, as linhas microstrip foram escolhidas como candidatas adequadas para aplicações de transmissão de alta velocidade [9]. Neste tipo de linha de transmissão, um lado da tira condutora está exposto ao ar e o outro lado está sobre um substrato dielétrico, como mostra a Figura 1.3. Suporta o modo de propagação electromagnética quasi-transversal (TEM), o que simplifica a análise aproximada e permite circuitos de banda larga. No caso do modo quasi-TEM, as linhas de transmissão microstrip têm uma velocidade de grupo diferente em função da frequência. Esta é uma dispersão de frequência que distorce os sinais de banda larga. A figura 1.4 mostra linhas microstrip acopladas, nas quais duas linhas são paralelas e separadas por uma distância s. A distância entre as duas linhas é da ordem da unidade.

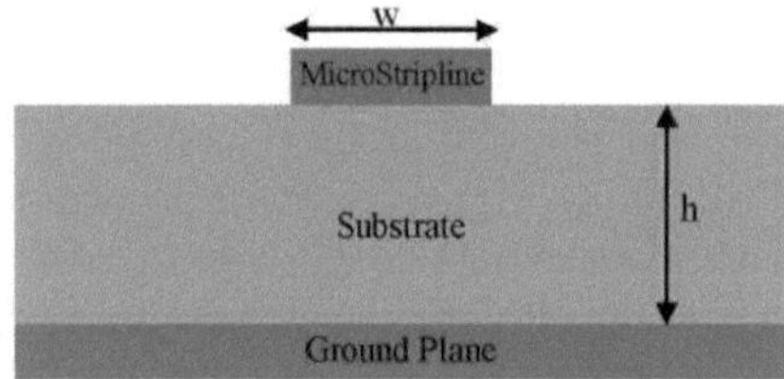

Figure 1.3 Microstrip line

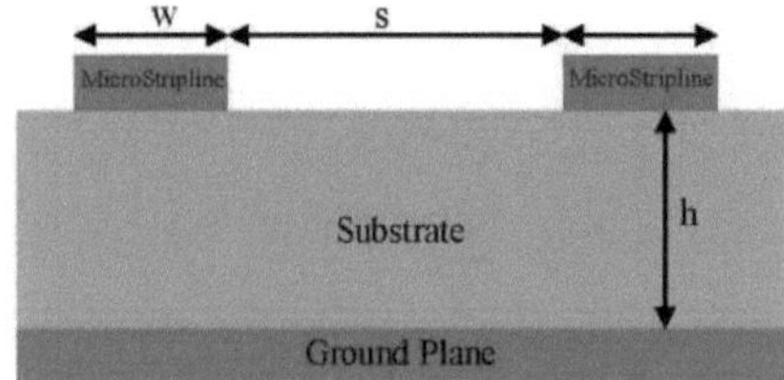

Figure 1.4 Coupled Microstrip line

As linhas com ranhuras consistem num intervalo estreito numa camada condutora num dos lados do substrato dielétrico, enquanto o outro lado do substrato permanece nu, como se mostra na Figura 1.5. As linhas com fendas são adequadas para várias aplicações, como filtros, acopladores, componentes de ferrite e elementos de circuito com elementos semicondutores [10]. Se o cabo ranhurado for feito de um substrato com uma constante dieléctrica elevada, pode ser utilizado como linha de transmissão. Caso contrário, uma linha ranhurada com um substrato de baixa constante dieléctrica pode ser utilizada numa antena [11]. As propriedades das linhas com fendas têm sido estudadas e descritas na literatura [12].

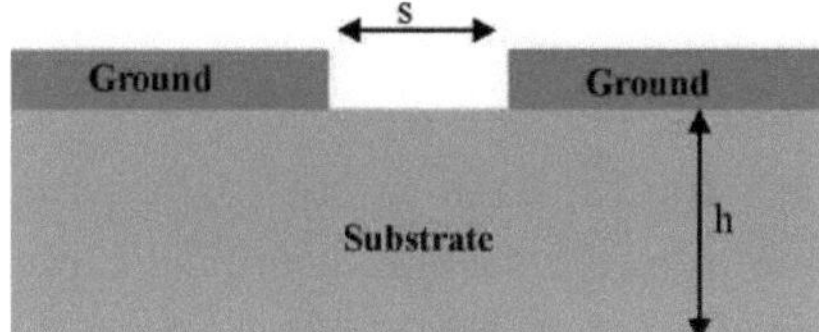

Figura 1.5 Linha de fenda

Outro tipo importante de linha de transmissão planar é a guia de onda coplanar. A Figura 1.6 mostra a estrutura de uma guia de onda coplanar, na qual os planos de terra e a faixa condutora estão ambos localizados no mesmo plano. As guias de onda coplanares (CPW) têm baixa dispersão e oferecem uma resposta em frequência extremamente elevada, superior a 100 GHz. Uma vez que a ligação com a CPW não envolve quaisquer descontinuidades parasitas no plano de terra. As aplicações práticas das guias de onda coplanares têm sido demonstradas experimentalmente e as suas propriedades têm sido descritas na literatura [13]. Uma nova guia de onda coplanar elevada foi também proposta por Jeong et al. em 2001 e é utilizada para ligações digitais de alta velocidade [14].

A linha de tiras coplanares (CPS) é uma estrutura complementar à CPW. Nesta estrutura, duas tiras condutoras estão do mesmo lado do substrato, com uma tira ligada à terra e sem qualquer outra camada condutora presente. A dispersão no caso da CPS é inferior à das linhas com ranhuras e das linhas microstrip. Tal como a linha microstrip, a CPS suporta o modo de propagação quasi-TEM. Permite ligações simples em série e em derivação, porque as suas duas faixas estão do mesmo lado da superfície do substrato. As dificuldades associadas à ligação de elementos de derivação entre as bandas de sinal e de terra podem ser eliminadas. Isto aumenta a fiabilidade, melhora a reprodutibilidade e reduz os custos de produção [15]. De todas as linhas de transmissão planas discutidas, as linhas de fita e as linhas microstrip são dois tipos comuns de linhas de transmissão utilizadas em projectos digitais de alta velocidade [1].

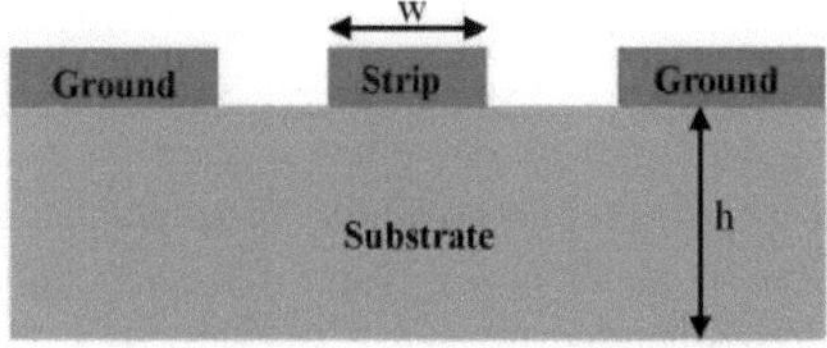

Figure 1.6 Guia de onda coplanar

A linha com alhetas apresentada na Figura 1.7 é semelhante à linha com ranhuras, mas a estrutura da linha com alhetas é limitada por uma guia de ondas retangular. Resolve o problema da montagem de componentes, como díodos, numa guia de ondas retangular. É um parente próximo da guia de onda de nervura dupla. Pode ser utilizado de 30 GHz a 110 GHz. Consiste essencialmente num substrato dielétrico parcialmente metalizado protegido por um invólucro metálico retangular. A metalização pode assumir a forma de nervuras e/ou pistas condutoras isoladas de qualquer largura, dispostas em posições simétricas ou anti-simétricas no substrato. Esta é a única estrutura de linha de transmissão do plano E inserida numa guia de ondas. As principais caraterísticas da linha com alhetas são a ampla largura de banda, a atenuação moderada, a baixa dispersão e a compatibilidade com elementos semicondutores.

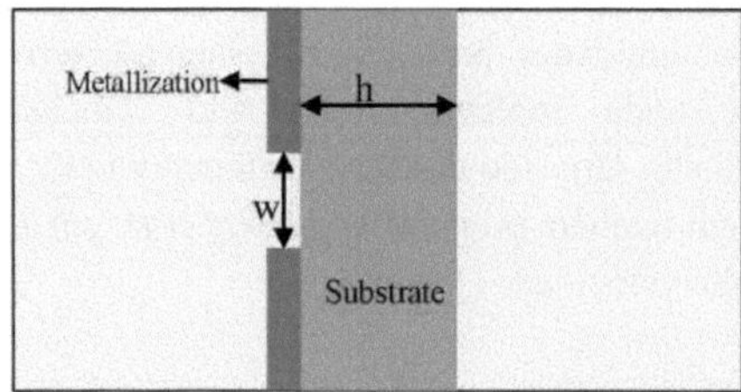

Figure 1.7 Linha de aileron

1. 5 EFEITOS DA INTEGRIDADE DO SINAL NAS LIGAÇÕES

Os problemas típicos com que o projetista se depara durante a conceção e os ensaios de alta velocidade são os efeitos das ligações de alta velocidade ou os efeitos das linhas de transmissão, tais como desfasamento de impedâncias, reflexão, diafonia, ressalto para a terra, atenuação do sinal, anelamento e atraso de propagação. Os efeitos de alta velocidade nas ligações podem ser determinados pelo comprimento da ligação, dimensões da secção transversal, taxas de subida do sinal, taxas de relógio, perdas por efeito de pele e perdas dieléctricas. O comprimento e as dimensões da secção transversal determinam a taxa de subida do sinal e a velocidade do relógio. O efeito de pele e as perdas dieléctricas são os dois tipos de mecanismos de perda que ocorrem nas ligações. A altas frequências, a maior parte da corrente está confinada a uma pequena área de secção transversal na periferia do condutor. Este fenómeno é conhecido como o "efeito de pele". Não só altera a resistência CA efectiva do condutor, como também varia com a frequência. A perda dieléctrica é uma propriedade do material e é também uma função da frequência. A Figura 1.8 ilustra os problemas de integridade do sinal em circuitos impressos de alta velocidade.

1.5.1 Incompatibilidade de impedância e reflexão

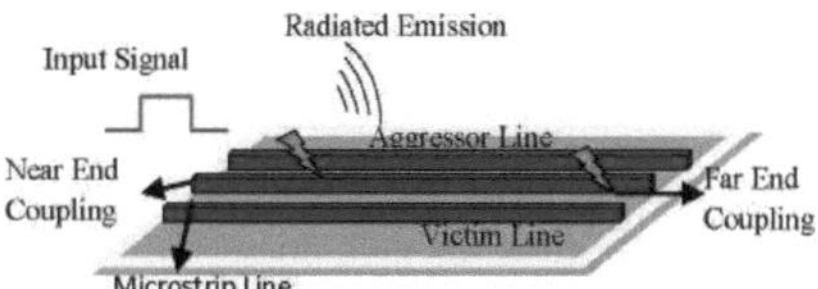

Figure. 1.8 Signal Integrity Issues on Printed Circuit Board

Uma das principais caraterísticas eléctricas das linhas de transmissão utilizadas nos sistemas digitais de alta velocidade é a impedância, um parâmetro muito importante para avaliar a qualidade do sinal. Quando o sinal encontra uma descontinuidade de impedância ao longo da ligação, é refletido para trás e para a frente, o que pode afetar negativamente o desempenho do sistema. A colocação de uma resistência de terminação adequada no ponto de descontinuidade da linha pode compensar a impedância ao longo da linha [1].

A reflexão é uma das distorções da forma de onda causada por descontinuidades, ou seja, variações de impedância, ramificações, vias, etc., ao longo das linhas de ligação [16]. Pode ser eliminada através de uma impedância de terminação adequada, que deve ser igual à impedância caraterística da linha (Feller 1965). Um sinal que se propaga ao longo de uma linha de transmissão eléctrica é parcial ou totalmente refletido na direção oposta se o sinal encontrar uma descontinuidade nos parâmetros de transmissão da linha. Nos sistemas de circuitos impressos de alta velocidade, o ruído de reflexão aumenta o atraso e conduz a sobre e sub-oscilação e a zumbido. A principal causa do ruído de reflexão é a descontinuidade da impedância ao longo do trajeto de transmissão do sinal.

1.5.2 Ruído de diafonia

O ruído de diafonia afecta significativamente o desempenho dos circuitos digitais de alta velocidade, sobretudo à medida que o tempo de subida do sinal aumenta. Esta interferência é geralmente

sob a forma de diafonia de extremidade próxima (NEXT) e diafonia de extremidade distante (FEXT). A NEXT é definida como a diafonia que ocorre na linha vítima na extremidade mais próxima do condutor. Isto é por vezes referido como diafonia para trás. FEXT refere-se à diafonia observada na linha vítima na extremidade mais

afastada do condutor. Este fenómeno é também conhecido como diafonia direta. NEXT e FEXT são ambos proporcionais ao acoplamento indutivo e capacitivo mútuo, mas FEXT é também proporcional ao comprimento das ligações acopladas [17].
A figura 1.9 mostra uma típica linha de transmissão microstrip paralela. A linha 1 é uma linha de agressão à qual é aplicado um sinal de entrada e a linha 2 é uma linha de silêncio ou de sacrifício à qual não é aplicado qualquer sinal. Todas as extremidades da linha são terminadas pela impedância caraterística (zo), como mostra a Figura 2.3.

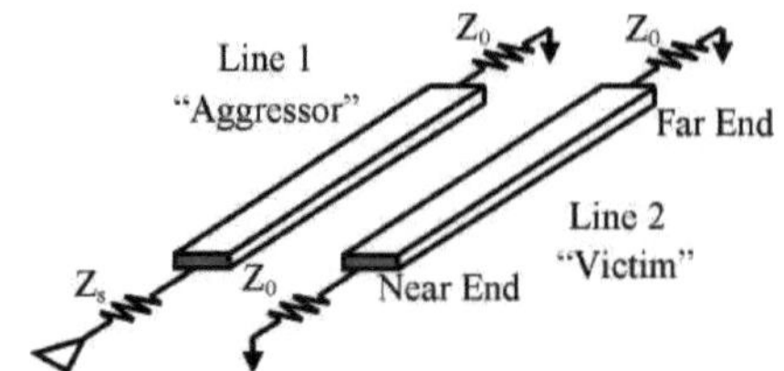

Figura 1.9 Um par de linhas de transmissão

O sinal na linha agressora pode acoplar-se à linha vítima vizinha, resultando em diafonia. As tensões de diafonia são induzidas nas extremidades distante e próxima da linha de sacrifício quando um sinal se propaga através da linha agressora, resultando em diafonia na extremidade distante (FEXT) e diafonia na extremidade próxima (NEXT). smmA figura 1.10 mostra um par de linhas de transmissão que podem ser modeladas pela auto-capacitância (cs), auto-indutância (L), capacitância mútua (C) e indutância mútua (L) uniformemente distribuídas, como ilustrado na figura 1.10. A linha de transmissão também pode ser modelada pela auto-capacitância (Cs), auto-indutância (L) e indutância mútua (L) uniformemente distribuídas.

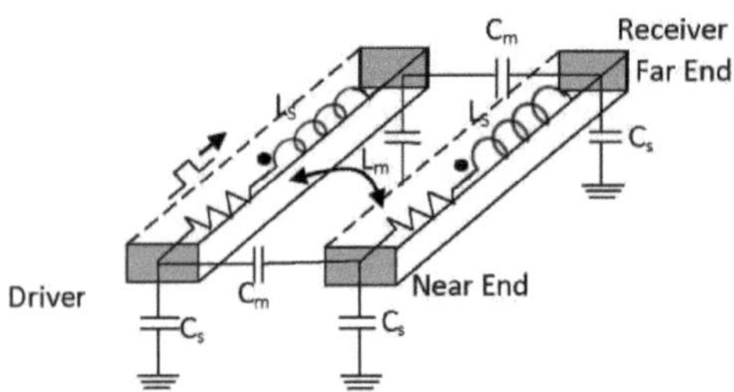

Figure 1.10 **Circuito de substituição de um par de linhas de transmissão**

Figure 1.11 mostra a representação gráfica da propagação de um sinal em duas linhas e o ruído de diafonia resultante. Quando um impulso digital se propaga numa linha de transmissão, as extremidades ascendente e descendente causam continuamente ruído na linha vizinha. Parte do ruído de diafonia propaga-se para a extremidade próxima da linha, outra parte para a extremidade distante. As partes que se propagam para a extremidade próxima e para a extremidade distante são denominadas impulsos de diafonia próxima e distante, respetivamente. O impulso de diafonia distante é transmitido ao mesmo tempo que o bordo do sinal na linha de controlo [1].

O tempo necessário para que um sinal percorra o comprimento da linha de transmissão é designado por atraso de transmissão (TD). O impulso de diafonia na extremidade próxima tem origem no bordo e propaga-se de volta para a extremidade próxima. Quando o bordo do sinal atinge a extremidade mais afastada da linha de transmissão no tempo t=TD, o sinal de controlo e a diafonia na extremidade mais afastada são interrompidos pela impedância caraterística da linha de transmissão. No entanto, a última parte da diafonia na extremidade próxima, induzida na linha de sacrifício imediatamente antes do fim do sinal, não chega à extremidade próxima até ao tempo t=2TD, uma vez que tem de propagar todo o comprimento da linha para regressar. Para um par de linhas de transmissão terminadas, a diafonia de proximidade começa, portanto, no tempo t = 0 e dura 2TD, ou seja, o dobro do comprimento elétrico da linha. A extensão e a forma da diafonia dependem fortemente da força do acoplamento e da terminação [1].

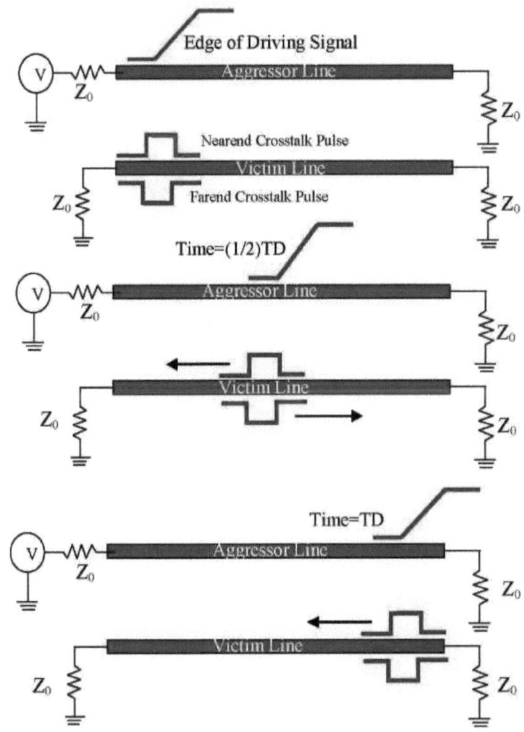

Figura 1.11 Representação gráfica do ruído de diafonia

CmA corrente (I) gerada na linha de sacrifício devido à capacitância mútua divide-se e flui para ambos os extremos da linha adjacente. A corrente (ILm) induzida na linha de sacrifício devido à indutância mútua flui da extremidade distante para a extremidade próxima da linha de sacrifício, porque a indutância mútua gera um fluxo de corrente na direção oposta. Consequentemente, as correntes de diafonia que fluem para a extremidade próxima e para a extremidade distante podem ser divididas em vários componentes. Ambos são proporcionais ao acoplamento indutivo e capacitivo mútuo, mas o FEXT é também proporcional ao comprimento das ligações acopladas. A corrente induzida pela diafonia é causada pela indutância mútua (Lm) e pela capacitância mútua (Cm).

$$I_{near} = I_{Cm} + I_{Lm} \quad (1.1)$$

$$I_{far} = I_{Cm} - I_{Lm} \quad (1.2)$$

A equação (2.1) e a equação (2.2) fornecem as correntes na extremidade próxima e na extremidade distante. O elemento de circuito que representa esta transferência de energia pode ser escrito da seguinte forma,

$$I_{Cm} = C_m \frac{dV}{dt} \quad (1.3)$$

$$V_{Lm} = L_m \frac{dI}{dt} \quad (1.4)$$

mA indutância mútua (L) induz uma corrente na linha de sacrifício que é oposta à corrente de controlo. mA indutância mútua conduz a corrente através da capacitância mútua (C), que flui em ambas as direcções na linha de sacrifício (Stephen H Hall 2000). A quantidade de diafonia no lado oposto depende do acoplamento capacitivo e indutivo mútuo. A tensão na extremidade próxima e na extremidade distante é expressa pelo acoplamento capacitivo e indutivo mútuo. mO rácio de acoplamento capacitivo (C / CT) é o rácio entre a capacitância mútua (Cm) e a capacitância total (CT). msA capacitância total é a soma da capacitância mútua (C) e da capacitância própria (C).

As tensões de diafonia nas extremidades distante e próxima são mostradas em [18],

A instabilidade induzida por diafragmas (CIJ) pode ser expressa da seguinte forma, em que t é o tempo

TD é o tempo de propagação através da linha de transmissão.

inV (t) é a tensão aplicada à linha agressora.

Cm/CT é o rácio de acoplamento capacitivo

$_mC$ é a capacidade mútua

$$V_f(t) = \frac{1}{2}\left(\frac{C_m}{C_T} - \frac{L_m}{L_S}\right) TD.\frac{dV_{in}(t - TD)}{dt} \qquad (2.5)$$

$$V_n(t) = \frac{1}{4}\left(\frac{C_m}{C_T} + \frac{L_m}{L_S}\right) V_{in}(t) - V_{in}(t - 2t_f) \qquad (2.6)$$

$$CIJ = TD\left(\frac{L_m}{L_S} - \frac{C_m}{C_T}\right) \qquad (2.7)$$

c_T é a soma da capacidade inerente (c_S) e da capacidade recíproca (c_m) da linha de microfita

$_mL$ é a indutância mútua

Ls é a indutância natural

Lm/Ls é o rácio de acoplamento indutivo

1.5.3 Variação induzida por diafragma (CIJ)

O ruído de diafonia também provoca desvios de temporização. A energia electromagnética pode acoplar-se à linha vizinha quando ocorrem transições de sinais de alta frequência na linha vizinha. No recetor, a diferença de tempo que ocorre devido ao FEXT é designada por instabilidade induzida por diafonia (CIJ). Em particular, a CIJ é insensível à excursão do sinal e ao tempo de subida. A CIJ afecta a sincronização e a precisão temporal do sistema. Os efeitos da diafonia na instabilidade foram analisados em pormenor por James et al [19]. Diferentes topologias de encaminhamento de sinais foram propostas por muitos investigadores e estão descritas na literatura [18].

1.5.4 Impacto no solo

O ground bounce é um fenómeno que ocorre durante a comutação de transístores, quando a tensão da porta parece ser inferior ao potencial de terra local, resultando num funcionamento instável de uma porta lógica. O nível de alimentação e o nível de referência têm de estar próximos um do outro para se obter uma capacitância inter-nível mais elevada e uma indutância inter-nível baixa, o que significa uma impedância de alimentação baixa para o ruído de comutação de alta velocidade [20]. O ruído de comutação simultânea (SSN) é um dos tipos mais comuns de ruído em sistemas digitais de alta velocidade. É também conhecido como delta I ou ruído de salto de tensão e é causado pela comutação de transístores entre dois níveis lógicos diferentes. Durante a comutação, uma sobretensão flui entre o nível de alimentação e o nível de terra, causando uma queda de tensão entre estes dois níveis e uma queda de tensão através de segmentos do próprio nível de alimentação. Esta queda de tensão depende da velocidade de comutação da corrente e da indutância efectiva dos caminhos da corrente. A SSN tem sido estudada em pormenor por muitos investigadores nos últimos dez anos [21].

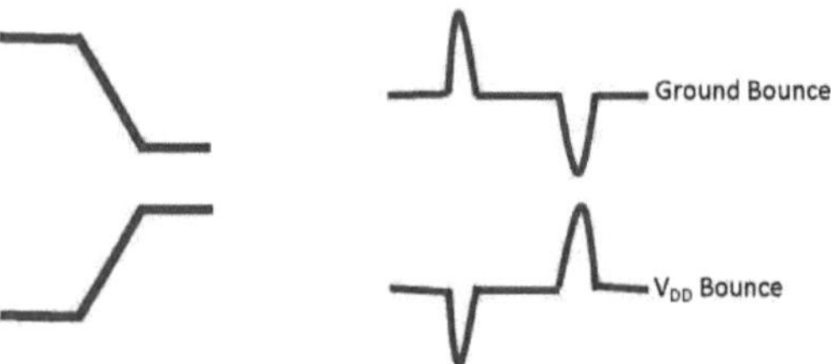

Figura 1.12 Impacto no solo

1.5.5 Atenuação do sinal

A perda de sinal é um dos factores que limitam o desempenho das ligações de alta velocidade para sistemas electrónicos de alta velocidade. A atenuação do sinal é causada por perdas óhmicas ou perdas na linha. As perdas óhmicas são mais acentuadas a altas frequências devido à distribuição irregular da corrente. As perdas de condução dependem do fator de perda dieléctrica do material dielétrico e são também uma função da frequência. Os níveis lógicos especificados durante o transporte através de uma linha de ligação podem ser alterados por perdas. Isto pode levar a erros de comutação em circuitos digitais [22].

1.5.6 Anel

Outro problema de integridade do sinal que ocorre na linha de transmissão é o ringing. O ringing é uma oscilação indesejada na tensão ou na corrente que resulta dos efeitos parasitas de um impulso elétrico no circuito. A corrente adicional flui, desperdiçando energia e aquecendo ainda mais os componentes, causando radiação. Este fenómeno pode ser minimizado através de uma correspondência adequada da impedância de ligação [23]. A Figura 1.13 ilustra o fenómeno de ringing quando sinais de alta velocidade são transmitidos através de linhas de ligação.

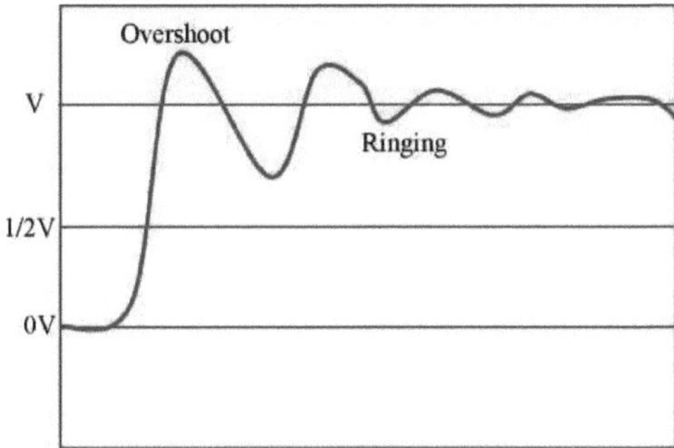

Figura 1.13 Toques

O toque é uma oscilação indesejada de uma tensão ou corrente. Ocorre quando um impulso elétrico provoca capacitâncias e indutâncias parasitas no circuito. O ringing pode ser causado pela reflexão do sinal, caso em que pode ser minimizado pelo casamento de impedâncias. O ringing é indesejável porque provoca a passagem de corrente adicional, desperdiçando energia e aquecendo ainda mais os componentes. Pode também causar a emissão de radiação electromagnética indesejada.

1.5.7 Atraso de propagação

O atraso de propagação é o tempo finito necessário para que um sinal se propague de uma extremidade de uma linha de transmissão para a outra. É um atraso que é influenciado pelos efeitos parasitas da linha. A deterioração do tempo de subida também contribui para o atraso global do sinal, particularmente quando o tempo de subida na extremidade do recetor é maior do que o tempo de subida na extremidade da fonte. Os níveis lógicos máximo e mínimo que podem ser alcançados entre os níveis de comutação podem ser influenciados pelo tempo de subida do sinal.

CAPÍTULO 2

MODELAÇÃO ANALÍTICA DE COMPOSTOS COM FDTD

2.1 INTRODUÇÃO

O domínio temporal de diferenças finitas (FDTD) é uma técnica de modelização electromagnética muito popular. É um método no domínio do tempo e é fácil de compreender. Pode abranger uma vasta gama de frequências numa única simulação. O método FDTD pertence à classe geral dos métodos de modelação numérica diferencial no domínio do tempo. As equações de Maxwell (na forma diferencial) são simplesmente convertidas em equações de diferenças centrais, discretizadas e implementadas em software. As equações são resolvidas em saltos, ou seja, o campo elétrico é resolvido num ponto no tempo, depois o campo magnético é resolvido no ponto seguinte no tempo, e o processo é repetido vezes sem conta. As equações FDTD básicas são derivadas das equações de curvatura de Maxwell na forma diferencial. O novo valor do campo E depende do antigo valor do campo E (daí a diferença de tempo) e da diferença no antigo valor do campo H em ambos os lados do ponto do campo E no espaço. Da mesma forma, o novo valor do campo H depende do antigo valor do campo H (daí a diferença de tempo) e também depende da diferença do campo E em ambos os lados do ponto do campo H no espaço. Esta descrição é válida para os métodos FDTD 1-D, 2-D e 3-D. Se forem consideradas várias dimensões, a diferença no espaço deve ser tida em conta em todas as dimensões relevantes.

Consideremos as equações gerais de Maxwell no domínio do tempo

$$\nabla \times \vec{E} = -\frac{\partial \vec{B}}{\partial t} \qquad (2.1)$$

$$\nabla \times \vec{H} = \frac{\partial \vec{D}}{\partial t} + \vec{J} \qquad (2.2)$$

$$\nabla \cdot \vec{D} = \rho \qquad (2.3)$$

$$\nabla \cdot \vec{B} = 0 \qquad (2.4)$$

$$\text{where } \vec{D} = \varepsilon \vec{E},\ \vec{B} = \mu \vec{H}$$

As equações (2.1)-(2.2) constituem a base do esquema FDTD de Yee. Existem vários esquemas de diferenças finitas para as equações de Maxwell, mas o esquema de Yee continua a ser utilizado porque é muito robusto e versátil. Tendo em conta a densidade de corrente de condução eléctrica $J = oE$, (2.1)-(2.2) podem ser escritas da seguinte forma

No sistema de coordenadas cartesianas, isto pode ser alargado para além de :

Ex para diferentes localizações espaciais são representados pela seguinte equação

$$E j) = Ex fa, jJy, kMz, n M)$$ (2.13)

yxyDa mesma forma, os componentes E , Ez , H , H e Hz podem ser representados como acima. No esquema de Yee, o modelo é primeiro dividido em muitos cubos pequenos. Para simplificar, assume-se que os cubos têm o mesmo tamanho. As arestas dos cubos individuais formam a grelha espacial tridimensional. O esquema de Yee pode também ser generalizado a cubos de tamanho variável e a grelhas não ortogonais [23]. A posição dos componentes dos campos E e H na grelha espacial é apresentada na Figura 2.1.

$$\nabla \times \vec{E} = -\frac{\partial \vec{B}}{\partial t} \quad (2.1)$$

$$\nabla \times \vec{H} = \frac{\partial \vec{D}}{\partial t} + \vec{J} \quad (2.2)$$

$$\nabla \cdot \vec{D} = \rho \quad (2.3)$$

$$\nabla \cdot \vec{B} = 0 \quad (2.4)$$

where $\vec{D} = \varepsilon\vec{E}$, $\vec{B} = \mu\vec{H}$

$$\frac{\partial H_x}{\partial t} = -\frac{1}{\mu}\left(\frac{\partial E_z}{\partial y} - \frac{\partial E_y}{\partial z}\right) \quad (2.7)$$

$$\frac{\partial H_y}{\partial t} = -\frac{1}{\mu}\left(\frac{\partial E_x}{\partial z} - \frac{\partial E_z}{\partial x}\right) \quad (2.8)$$

$$\frac{\partial H_z}{\partial t} = -\frac{1}{\mu}\left(\frac{\partial E_y}{\partial x} - \frac{\partial E_x}{\partial y}\right) \quad (2.9)$$

$$\frac{\partial E_x}{\partial t} = \frac{1}{\varepsilon}\left(\frac{\partial H_z}{\partial y} - \frac{\partial H_y}{\partial z} - \sigma E_x\right) \quad (2.10)$$

$$\frac{\partial E_y}{\partial t} = \frac{1}{\varepsilon}\left(\frac{\partial H_x}{\partial z} - \frac{\partial H_z}{\partial x} - \sigma E_y\right) \quad (2.11)$$

$$\frac{\partial E_z}{\partial t} = \frac{1}{\varepsilon}\left(\frac{\partial H_y}{\partial x} - \frac{\partial H_x}{\partial y} - \sigma E_z\right) \quad (2.12)$$

Figura 2.1 Discretização do modelo do cubo e posição dos componentes de campo na grelha

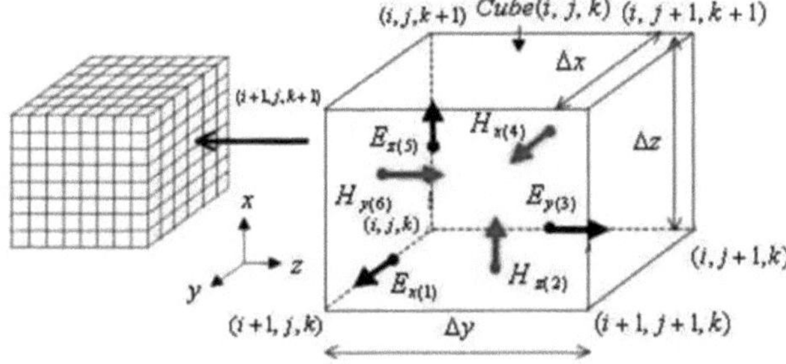

$$E_{x(1)} \longrightarrow E_{x(i+\frac{1}{2},j,k)} \qquad H_{z(2)} \longrightarrow H_{z(i+\frac{1}{2},j+\frac{1}{2},k)} \qquad E_{y(3)} \longrightarrow E_{y(i,j+\frac{1}{2},k)} \tag{2.14}$$

$$H_{x(4)} \longrightarrow H_{x(i,j+\frac{1}{2},k+\frac{1}{2})} \qquad E_{z(5)} \longrightarrow E_{z(i,j,k+\frac{1}{2})} \qquad H_{y(6)} \longrightarrow H_{y(i+\frac{1}{2},j,k+\frac{1}{2})} \tag{2.15}$$

O cubo da figura 2.1 é geralmente designado por célula de Yee. A Figura 2.1 mostra que cada componente do campo E está rodeada por quatro componentes do campo H; do mesmo modo, cada componente do campo H está rodeada por quatro componentes do campo E, tendo em conta as componentes do campo em cubos adjacentes. Por exemplo, a componente $Hx_{(i, j+1/2, k+1/2)}$ é rodeada por $Ez_{(i, j, k+1/2)}$, $Ez_{(i, j+1, k+1/2)}$, $Ey_{(i, j+1/2, k)}$, $Ey_{(i, j+1/2, k+1)}$. A inspiração para a escolha deste arranjo vem das equações de Curl (2.14)-(2.15). Um exemplo é a transformação de (2.15) na forma integral após a aplicação do teorema de Stokes:

$$\oint_c \vec{E} \cdot \vec{dl} = -\frac{\partial}{\partial t} \iint_s \vec{B} \cdot \vec{ds} \tag{2.16}$$

Esta equação indica que um fluxo magnético variável cria um campo elétrico circular que rodeia o "tubo de fluxo". Do mesmo modo, a forma integral da equação (2.15) indica que um fluxo elétrico e uma corrente variáveis geram um campo magnético circular que rodeia o "tubo de fluxo". Se aplicarmos o operador de diferença de centros para substituir as derivadas no tempo e no espaço no passo de tempo 'n' e no ponto de grelha espacial $(iAx,(J + 1/2)Ay,(k + 1/2)Az$ na equação (2.16), a equação muda do seguinte modo

$$\frac{1}{\Delta t}\left(H^{n-\frac{1}{2}}_{x(i,j+\frac{1}{2},k+\frac{1}{2})} - H^{n-\frac{1}{2}}_{x(i,j-\frac{1}{2},k-\frac{1}{2})}\right) = \frac{-1}{\mu}\left[\frac{1}{\Delta y}\left(E^{n}_{z(i,j+1,K-\frac{1}{2})} - E^{n}_{z(i,j,k-\frac{1}{2})}\right) - \frac{1}{\Delta z}\left(E^{n}_{y(i,j+\frac{1}{2},k+1)} - E^{n}_{y(i,j+\frac{1}{2},k)}\right)\right] \tag{2.17}$$

$$\Rightarrow H^{n+\frac{1}{2}}_{x(i,j+\frac{1}{2},k+\frac{1}{2})} = H^{n-\frac{1}{2}}_{x(i,j+\frac{1}{2},k+\frac{1}{2})} - \frac{\Delta t}{\mu}\left(\frac{E^{n}_{z(i,j+1,k+\frac{1}{2})} - E^{n}_{z(i,j,k+\frac{1}{2})}}{\Delta y} - \frac{E^{n}_{y(i,j+\frac{1}{2},k+1)} - E^{n}_{y(i,j+\frac{1}{2},k)}}{\Delta z}\right) \tag{2.18}$$

Repita este procedimento para (17) no passo de tempo n+1/2 e no ponto de grelha espacial $((i+1/2)\Delta x, j\Delta y, k\Delta z)$

$$\frac{1}{\Delta t}\left(E^{n+1}_{x(i-\frac{1}{2},j,k)} - E^{n}_{x(i+\frac{1}{2},j,k)}\right) = \frac{1}{\varepsilon \Delta y}\left(H^{n+\frac{1}{2}}_{z(i+\frac{1}{2},j+\frac{1}{2},k)} - H^{n+\frac{1}{2}}_{z(i-\frac{1}{2},j-\frac{1}{2},k)}\right)$$
$$-\frac{1}{\varepsilon \Delta z}\left(H^{n+\frac{1}{2}}_{y(i-\frac{1}{2},j,k-\frac{1}{2})} - H^{n+\frac{1}{2}}_{y(i-\frac{1}{2},j,k-\frac{1}{2})}\right) - \frac{1}{\varepsilon}\sigma E^{n+\frac{1}{2}}_{x(i+\frac{1}{2},j,k)} \tag{2.19}$$

$E^{n+\frac{1}{2}}_{x(i,j,k)}$ Substituir pela média entre os passos de tempo n e $n+1$:

$$\frac{1}{\Delta t}\left(E^{n+1}_{x(i+\frac{1}{2},j,k)} - E^{n}_{x(i+\frac{1}{2},j,k)}\right) = \frac{1}{\varepsilon\Delta y}\left(H^{n-\frac{1}{2}}_{z(i+\frac{1}{2},j+\frac{1}{2},k)} - H^{n-\frac{1}{2}}_{z(i-\frac{1}{2},j-\frac{1}{2},k)}\right)$$

$$-\frac{1}{\varepsilon\Delta z}\left(H^{n-\frac{1}{2}}_{y(i-\frac{1}{2},j,k-\frac{1}{2})} - H^{n+\frac{1}{2}}_{y(i+\frac{1}{2},j,k-\frac{1}{2})}\right) - \frac{1}{\varepsilon}\sigma\frac{1}{2}\left(E^{n-1}_{x(i-\frac{1}{2},j,k)} + E^{n}_{x(i+\frac{1}{2},j,k)}\right)$$

(2.20)

Após manipulação algébrica,

$$E^{n+1}_{x(i+\frac{1}{2},j,k)} = \left(\frac{1-\frac{\sigma\Delta t}{2\varepsilon}}{1+\frac{\sigma\Delta t}{2\varepsilon}}\right)E^{n+1}_{x(i+\frac{1}{2},j,k)} + \frac{\frac{\Delta t}{\varepsilon}}{1+\frac{\sigma\Delta t}{2\varepsilon}}\left(\frac{H^{n+\frac{1}{2}}_{z(i+\frac{1}{2},j+\frac{1}{2},k)} - H^{n+\frac{1}{2}}_{z(i+\frac{1}{2},j-\frac{1}{2},k)}}{\Delta y} - \frac{H^{n+\frac{1}{2}}_{y(i+\frac{1}{2},j,k+\frac{1}{2})} - H^{n+\frac{1}{2}}_{y(i+\frac{1}{2},j,k-\frac{1}{2})}}{\Delta z}\right) \quad (2.21)$$

As equações de atualização para os outros componentes do campo podem ser derivadas da mesma forma.

$$H^{n+\frac{1}{2}}_{y(i-\frac{1}{2},j,k+\frac{1}{2})} = H^{n-\frac{1}{2}}_{y(i+\frac{1}{2},j,k-\frac{1}{2})} - \frac{\Delta t}{\mu}\left(\frac{E^{n}_{x(i-\frac{1}{2},j,k+1)} - E^{n}_{x(i+\frac{1}{2},j,k)}}{\Delta z} - \frac{E^{n}_{z(i-1,j,k+\frac{1}{2})} - E^{n}_{z(i,j,k-\frac{1}{2})}}{\Delta x}\right) \quad (2.22)$$

$$H^{n+\frac{1}{2}}_{z(i+\frac{1}{2},j+\frac{1}{2},k)} = H^{n-\frac{1}{2}}_{z(i+\frac{1}{2},j+\frac{1}{2},k)} - \frac{\Delta t}{\mu}\left(\frac{E^{n}_{y(i+1,j+\frac{1}{2},k)} - E^{n}_{y(i,j+\frac{1}{2},k)}}{\Delta x} - \frac{E^{n}_{x(i+\frac{1}{2},j+1,k)} - E^{n}_{x(i+\frac{1}{2},j,k)}}{\Delta y}\right) \quad (2.23)$$

$$E^{n+1}_{y(i,j-\frac{1}{2},k)} = \left(\frac{1-\frac{\sigma\Delta t}{2\varepsilon}}{1+\frac{\sigma\Delta t}{2\varepsilon}}\right)E^{n+1}_{y(i,j-\frac{1}{2},k)} + \frac{\frac{\Delta t}{\varepsilon}}{1+\frac{\sigma\Delta t}{2\varepsilon}}\left(\frac{H^{n+\frac{1}{2}}_{x(i,j-\frac{1}{2},k+\frac{1}{2})} - H^{n-\frac{1}{2}}_{x(i,j-\frac{1}{2},k-\frac{1}{2})}}{\Delta z} - \frac{H^{n-\frac{1}{2}}_{z(i+\frac{1}{2},j+\frac{1}{2},k)} - H^{n-\frac{1}{2}}_{z(i-\frac{1}{2},j-\frac{1}{2},k)}}{\Delta x}\right) \quad (2.24)$$

$$E^{n+1}_{z(i,j,k+\frac{1}{2})} = \left(\frac{1 - \frac{\sigma \Delta t}{2\varepsilon}}{1 + \frac{\sigma \Delta t}{2\varepsilon}} \right) E^{n+1}_{z(i,j,k+\frac{1}{2})} + \frac{\frac{\Delta t}{\varepsilon}}{1 + \frac{\sigma \Delta t}{2\varepsilon}} \left(\frac{H^{n+\frac{1}{2}}_{y(i+\frac{1}{2},j,k+\frac{1}{2})} - H^{n+\frac{1}{2}}_{y(i-\frac{1}{2},j,k+\frac{1}{2})}}{\Delta x} - \frac{H^{n+\frac{1}{2}}_{x(i,j+\frac{1}{2},k+\frac{1}{2})} - H^{n+\frac{1}{2}}_{x(i,j-\frac{1}{2},k+\frac{1}{2})}}{\Delta y} \right) \quad (2.25)$$

O exame das equações (2.18)-(2.25) mostra que todas as componentes do campo caem nos locais considerados pela grelha espacial da Figura 2.2. As equações (18)-(25) são explícitas por natureza, pelo que a sua implementação em computador não requer a resolução do determinante ou da inversa de uma grande matriz. Para facilitar a implementação num computador digital, os índices das componentes de campo são renomeados como se mostra na Figura 2.2. Desta forma, todos os índices passam a ser inteiros. Desta forma, o valor de cada componente de campo pode ser armazenado numa matriz tridimensional no software, com os índices da matriz a corresponderem aos índices espaciais da Figura 2.2. Foram desenhados componentes de campo adicionais na figura para melhorar a clareza da convenção.

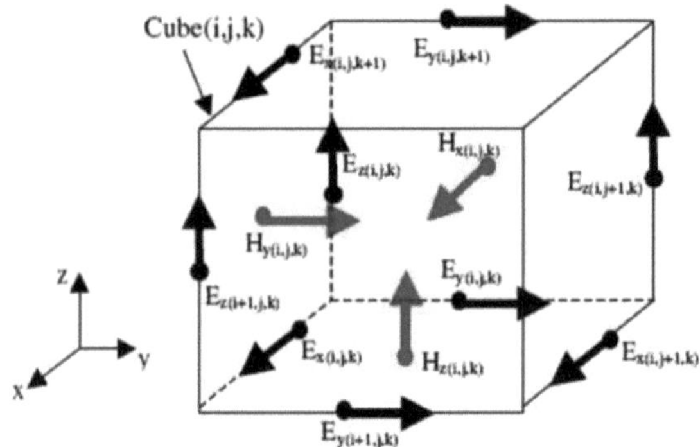

Figura 2.2 Renomear os índices das componentes dos campos E e H correspondentes ao cubo (i,j,k)

Usando os novos índices espaciais para os componentes de campo como na Figura 4.2, as equações (25)-(30) :

$$H^{n+\frac{1}{2}}_{x(i,j,k)} = H^{n-\frac{1}{2}}_{x(i,j,k)} - \frac{\Delta t}{\mu} \left(\frac{E^n_{z(i,j+1,k)} - E^n_{z(i,j,k)}}{\Delta y} - \frac{E^n_{y(i,j,k+1)} - E^n_{y(i,j,k)}}{\Delta z} \right) \quad (2.26)$$

$$H^{n+\frac{1}{2}}_{y(i,j,k)} = H^{n-\frac{1}{2}}_{y(i,j,k)} - \frac{\Delta t}{\mu}\left(\frac{E^{n}_{x(i,j,k+1)} - E^{n}_{x(i,j,k)}}{\Delta z} - \frac{E^{n}_{z(i+1,j,k)} - E^{n}_{z(i,j,k)}}{\Delta x} \right) \quad (2.27)$$

$$H^{n+\frac{1}{2}}_{z(i,j,k)} = H^{n-\frac{1}{2}}_{z(i,j,k)} - \frac{\Delta t}{\mu}\left(\frac{E^{n}_{y(i+1,j,k)} - E^{n}_{y(i,j,k)}}{\Delta x} - \frac{E^{n}_{x(i,j+1,k)} - E^{n}_{x(i,j,k)}}{\Delta y} \right) \quad (2.28)$$

$$E^{n+1}_{x(i,j,k)} = \left(\frac{1 - \frac{\sigma \Delta t}{2\varepsilon}}{1 + \frac{\sigma \Delta t}{2\varepsilon}} \right) E^{n}_{x(i,j,k)} + \frac{\frac{\Delta t}{\varepsilon}}{1 + \frac{\sigma \Delta t}{2\varepsilon}} \left(\frac{H^{n+\frac{1}{2}}_{z(i,j,k)} - H^{n-\frac{1}{2}}_{x(i,j-1,k)}}{\Delta y} - \frac{H^{n+\frac{1}{2}}_{y(i,j,k)} - H^{n+\frac{1}{2}}_{y(i,j,k-1)}}{\Delta z} \right) \quad (2.29)$$

$$E^{n+1}_{y(i,j,k)} = \left(\frac{1 - \frac{\sigma \Delta t}{2\varepsilon}}{1 + \frac{\sigma \Delta t}{2\varepsilon}} \right) E^{n}_{y(i,j,k)} + \frac{\frac{\Delta t}{\varepsilon}}{1 + \frac{\sigma \Delta t}{2\varepsilon}} \left(\frac{H^{n+\frac{1}{2}}_{x(i,j,k)} - H^{n+\frac{1}{2}}_{x(i,j,k-1)}}{\Delta z} - \frac{H^{n+\frac{1}{2}}_{z(i,j,k)} - H^{n-\frac{1}{2}}_{z(i-1,j,k)}}{\Delta x} \right) \quad (2.30)$$

As equações (2.25)-(2.31) constituem a base da implementação computacional do esquema FDTD de Yee para as equações de Maxwell. Como as equações (2.25)-(2.31) calculam novas componentes de campo a partir de componentes de campo de passos de tempo anteriores, estas equações são frequentemente referidas como equações de atualização. Note-se que, nas equações, o lugar geométrico temporal dos campos E e H difere em meio passo de tempo (- Дt). Numa simulação típica, obteríamos

$$E^{n+1}_{z(i,j,k)} = \left(\frac{1 - \frac{\sigma \Delta t}{2\varepsilon}}{1 + \frac{\sigma \Delta t}{2\varepsilon}} \right) E^{n}_{z(i,j,k)} + \frac{\frac{\Delta t}{\varepsilon}}{1 + \frac{\sigma \Delta t}{2\varepsilon}} \left(\frac{H^{n-\frac{1}{2}}_{y(i,j,k)} - H^{n-\frac{1}{2}}_{y(i-1,j,k)}}{\Delta x} - \frac{H^{n-\frac{1}{2}}_{x(i,j,k)} - H^{n+\frac{1}{2}}_{x(i,j-1,k)}}{\Delta y} \right) \quad (2.31)$$

Determine as novas componentes de campo H em n+1/2 a partir das componentes de campo anteriores, utilizando as equações (2.25)-(2.31). De seguida, calculam-se as novas componentes do campo E em n+1 utilizando as equações (2.32)-(2.34). O processo é então repetido tantas vezes quantas as necessárias até se atingir o último passo de tempo. É por isso que este esquema é por vezes designado por "esquema do salto", como se explica na Figura 2.3.

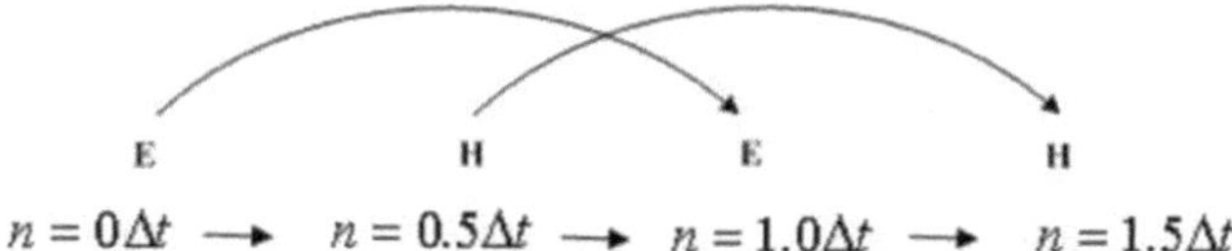

Figura 2.3 Diferenciação central utilizando o método Leap-Frog

2.1.1 Condições de estabilidade

Na análise FDTD, a escolha adequada dos parâmetros temporais e espaciais pode conduzir a resultados numéricos convergentes. As dimensões espaciais das células em cada região do espaço de cálculo são geralmente escolhidas para serem inferiores a um vigésimo do comprimento de onda determinado pela frequência máxima. As redes tridimensionais são formadas com base nas regras acima referidas. O algoritmo numérico para as equações de curvatura de Maxwell, como definido em (2.29)(2.31), requer que o incremento de tempo Дt tenha um certo limite em relação à discretização espacial Дx, Дy e Дz. Para um dielétrico linear, isotrópico, não dispersivo e homogéneo de constante dieléctrica s e permeabilidade ц (o dielétrico pode sofrer algumas perdas em

$$\Delta t < \frac{1}{c\sqrt{\frac{1}{\Delta x^2} + \frac{1}{\Delta y^2} + \frac{1}{\Delta z^2}}} \quad \text{where } c = \frac{1}{\sqrt{\mu\varepsilon}} \tag{2.32}$$

de condutividade não nula^), o incremento de tempo deve obedecer à barreira indicada na equação (2.31), conhecida como critério de estabilidade de Courant-Freidrichs-Lewy (CFL) [24].

O passo de tempo com base em cada célula é escolhido de modo a satisfazer, tanto quanto possível, a condição atual.

2.1.2 Condição limite

Uma consideração fundamental da abordagem FDTD para resolver problemas de interação de ondas electromagnéticas é que muitas geometrias de interesse são definidas em regiões abertas nas quais o domínio espacial do campo calculado é ilimitado numa ou mais direcções de coordenadas. Não é prático para um computador armazenar uma quantidade ilimitada de dados, pelo que o domínio computacional do campo deve ser limitado em tamanho. O domínio computacional deve ser suficientemente grande para abranger a estrutura de interesse e deve ser utilizada uma condição de fronteira adequada no limite exterior do domínio para simular a sua extensão até ao infinito. Para o efeito, podem ser utilizadas várias técnicas. A condição de fronteira absorvente (ABC) é utilizada para reduzir o erro de reflexão no limite da fronteira de simulação, onde a rede total tem uma dimensão de 60*116*26. A utilização do operador de fronteira de Higdon é um método comum para obter a ABC [25].

2.1.3 Operador de limite de Higdon

Pense na onda que atinge a fronteira exterior como uma sobreposição linear de ondas planas [25]. Isto é representado por

$_{i=x}$Higdon propôs a seguinte função de aniquilação, que é exacta para cada um dos "n" ângulos ф" . O operador marginal de Higdon de segunda ordem (n=2) é dado por

$$U(x,y,t) = \sum_i f_i(ct + x\cos\phi_i \pm y\sin\phi_i) \tag{2.33}$$

$$\left[\prod_{i=1}^{n}\left(\cos\phi_i \frac{\partial}{\partial t} - c\frac{\partial}{\partial x}\right)\right]U(x,y,t) = 0 \quad (2.34)$$

2.1.4 Condutores eléctricos perfeitos

A condição de fronteira para um condutor elétrico perfeito (PEC) exige que o campo tangencial E seja zero na fronteira. No domínio computacional, todos os condutores devem então estar sobre a componente do campo elétrico. Um PEC é modelado definindo as componentes tangenciais do campo E na localização do PEC como zero. Por exemplo, se um PEC estiver numa das superfícies do cubo (*i,j,k*) da figura 2.4, as seguintes componentes do campo elétrico são zero em todos os passos de tempo:

$$^{n}E_{x(i,j,k+1)} = {}^{n}E_{x(i,j+1,k+1)} = {}^{n}E_{y(i,j,k+1)} = {}^{n}E_{y(i+1,j,k+1)} = 0 \quad (2.35)$$

(2.3 5)

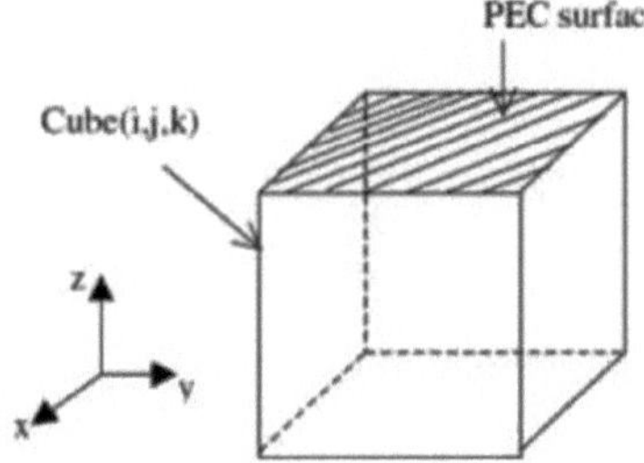

Figura 2.4 Um exemplo com PEC na face superior do cubo (i,j,k)

2.2 FONTES DE ESTÍMULO

O método FDTD simula campos electromagnéticos dependentes do tempo. As excitações da fonte são transitórias e a escolha do tipo de fonte deve ter em conta as caraterísticas da sua assinatura temporal. A primeira consideração é a largura de banda da fonte, que define a banda de frequência sobre a qual os campos electromagnéticos se propagarão na simulação FDTD. O menor comprimento de onda é determinado pela frequência mais alta da banda e, portanto, dita toda a discretização espacial. Por outro lado, o problema a ser analisado pode também limitar a frequência mais baixa da banda. Por exemplo, se estivermos a modelar a excitação de uma guia de ondas retangular limitada, podemos não querer excitar um sinal próximo de uma corrente DC, uma vez que tal sinal não se pode propagar. Além disso, para algumas simulações, é preferível excitar um sinal com uma largura de banda finita em torno de uma frequência central. Uma das assinaturas mais frequentemente utilizadas para a excitação de fontes FDTD é o pulso gaussiano

$$g(t) = e^{-\frac{(t-t_0)^2}{t_0^2}}$$

em que to é o "tempo de atraso" e tw é a largura a meia altura do impulso. O impulso gaussiano tem a particularidade de ser limitado no tempo e limitado na banda. A transformada de Fourier do impulso Gaussiano é

$$G(f) = t_{\omega}\sqrt{\pi}e^{-(\pi f)^2 t_{\omega}^2}e^{-j2\pi f t_0}$$

A energia máxima do impulso é f = 0 Hz. O impulso tem uma largura de meio valor de

(A amplitude diminui rapidamente, de modo que a amplitude cai para menos de 1% para cerca de duas vezes a largura de banda. Por conseguinte, a frequência mais elevada de excitação gaussiana dos impulsos é geralmente assumida como sendo f_{high} = 2/ tw. O comprimento de onda correspondente pode ser utilizado para determinar a discretização espacial da FDTD. No tempo t = 0, quando o impulso é inicialmente ativado, fhigh não é exatamente zero. Esta aparente descontinuidade pode levar a algumas

ruído numérico na simulação. Como regra geral, deve optar-se por minimizar o ruído numérico elevado

ruído de frequência. O fluxograma do método FDTD é apresentado na Figura 2.5.

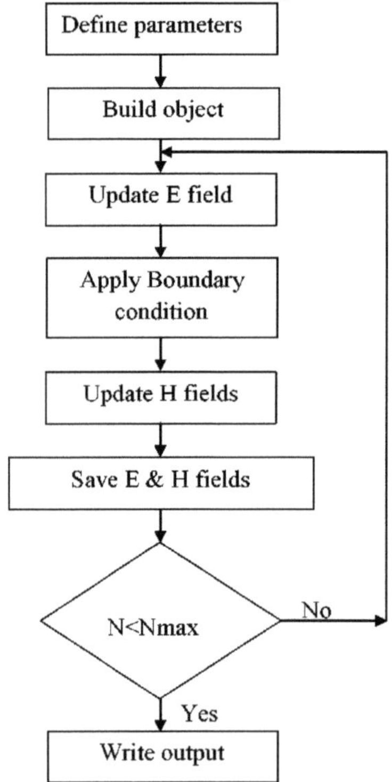

Figura 2.5 Fluxograma do método FDTD

Os resultados do parâmetro S para diferentes estruturas de linhas de microfita foram determinados por FDTD. O parâmetro S13 corresponde à diafonia próxima (NEXT) e o parâmetro S14 à diafonia longa (FEXT).

As equações (2.36) e (2.37) podem ser utilizadas para calcular NEXT e FEXT para diferentes linhas de microfita.

$$S_{13} \quad 20\log V_3(f)/V_{in}(f) \tag{2.36}$$

$$S_{14} = 20\log V_4(f)/V_{in}(f) \tag{2.37}$$

CAPÍTULO 3
UMA NOVA ESTRUTURA DE LIGAÇÃO PARA REDUZIR AS DIAFONIAS
E
OS DESVIOS CAUSADOS PELAS DIAFONIAS

3.1 INTRODUÇÃO

O rápido crescimento da tecnologia de semicondutores, o aumento da frequência de funcionamento, a redução da dimensão das caraterísticas e o aumento da frequência de relógio para 3 GHz e mais resultaram em diafonia nas placas de circuito impresso (PCB) de alta velocidade. Consequentemente, o desenvolvimento de interligações de alta velocidade para PCB é um dos maiores desafios para os projectistas de PCB. Devido à proximidade e à elevada densidade das ligações, o sinal de uma linha pode acoplar-se à linha vítima vizinha, resultando em diafonia. As tensões de diafonia são induzidas nas extremidades distantes e próximas da linha de sacrifício quando um sinal se propaga através da linha agressora, criando diafonia na extremidade distante (FEXT) e diafonia na extremidade próxima (NEXT). É por esta razão que é essencial que os circuitos impressos concebam o percurso do sinal com um nível aceitável de diafonia.

Quando a corrente flui numa linha, é criado um acoplamento na linha vizinha. A figura 3.1 ilustra o efeito do acoplamento entre duas linhas de sinal. Este acoplamento eletromagnético é também conhecido como diafonia. Este efeito deve ser reduzido porque afecta o desempenho do circuito ou do sistema. Pode ser atenuado por vários métodos. Os investigadores propuseram diferentes topologias de encaminhamento de sinais para reduzir a diafonia entre linhas vizinhas.

Uma solução geral consiste em aumentar a distância entre as duas linhas. Se a distância entre as duas linhas for suficientemente grande, o acoplamento entre as duas linhas de microfita será suficientemente fraco; o afeto entre as linhas pode ser ignorado. No entanto, a velocidade do sistema diminui cada vez mais, e a distância (D) entre as linhas de transmissão torna-se cada vez menor. No entanto, isto aumenta a área de superfície da placa de circuito impresso, resultando numa diminuição da densidade do pacote [2]. Outro método consiste em inserir uma pista de proteção condutora entre as duas linhas, mas este método não é muito eficaz, uma vez que não consegue manter um potencial constante ao longo de toda a linha [1]. Foi proposta uma alternativa: uma proteção cosida para reduzir eficazmente a diafonia. No entanto, isto não é adequado para o encaminhamento de backplane [2]. Para reduzir o FEXT, foram utilizadas linhas microstrip alternadas, nas quais os stubs verticais são distribuídos alternadamente com linhas microstrip paralelas [3]-[4]. Foram propostas linhas microstrip paralelas serpentinas, em que tanto as linhas atacantes como as linhas vítimas são serpentinas [5]. Foi relatado que este método de encaminhamento é eficaz na redução da diafonia em mais de 40%, mas aumenta o NEXT. Neste trabalho, é proposta uma linha microstrip com mitra para reduzir tanto o FEXT como o NEXT. Também é efectuada uma análise matemática da diafonia entre linhas microstrip em placas de circuito impresso utilizando FDTD. A indutância mútua, a capacitância mútua, a auto-capacitância e a auto-indutância são extraídas do método FDTD. Este capítulo centra-se na conceção e na implementação de um novo tipo de linha serpentina microstrip com esquadrias, com melhor desempenho em termos de redução de NEXT e FEXT.

3.2 ESTRUTURA DE LIGAÇÃO PROPOSTA

O projeto das linhas microstrip de serpentina curvadas em mitra proposto baseia-se na estrutura convencional. A figura 3.1 ilustra a estrutura física das linhas de microfita em serpentina propostas. O comprimento da secção transversal unitária (D) das linhas de microfita propostas consiste em dois segmentos verticais e dois segmentos horizontais ao longo da direção longitudinal, com um espaçamento estreito. É introduzido um separador nos bordos dos segmentos verticais das linhas agressora e vítima. Os parâmetros de conceção da estrutura proposta incluem a distância (S) entre duas linhas, a largura das linhas (W), o comprimento da secção (D) e a percentagem da patilha (m), dependendo da frequência de funcionamento e da escolha do substrato.

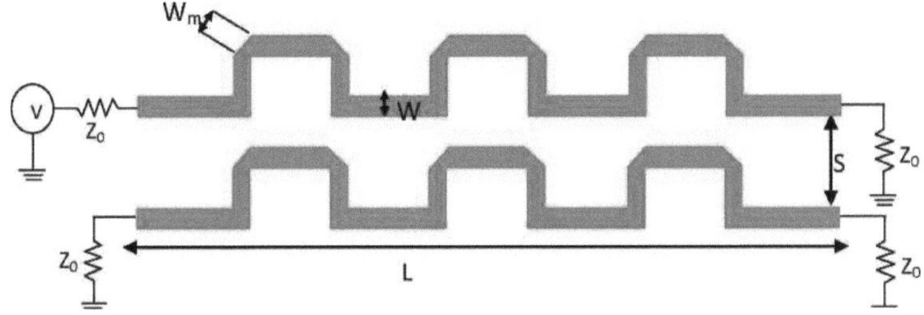

Figura 3.1 Microtripas serpentinas em formato de esquadria

mostra a curva em ângulo reto e o seu equivalente implementado em linhas de microfita tradicionais. Para reduzir a indutância e a capacitância excessivas, é introduzida uma curvatura em bisel em vez da curvatura acentuada.

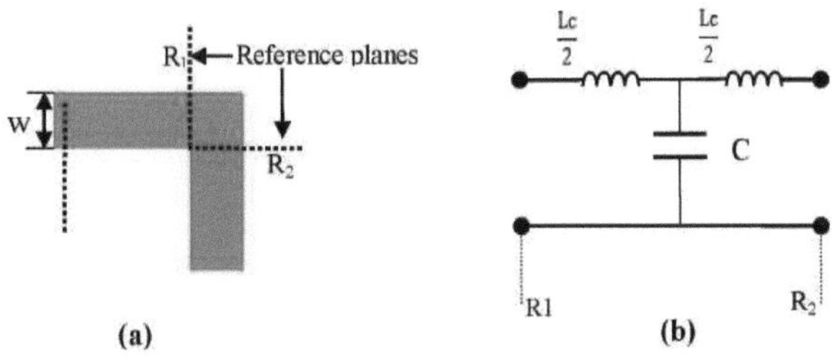

Figura 3.2 (a) Geometria da curva em ângulo reto (b) Circuito equivalente

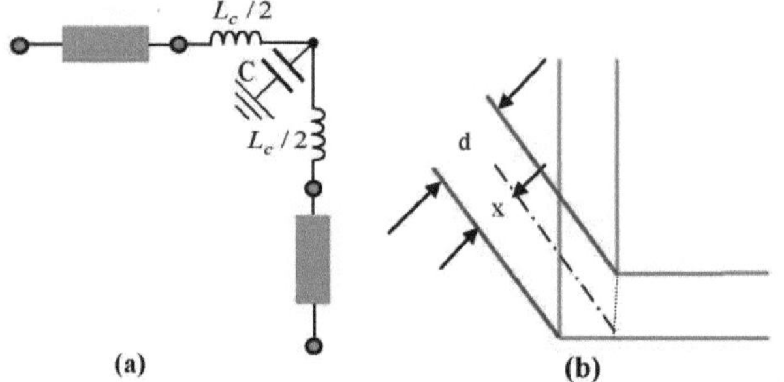

Figura 3.3 (a) Configuração do arco de bisel (b) Modelo equivalente de taxa fixa

Figure 3.2 mostra o arco de esquadria e o seu diagrama equivalente. $_m{}^0$A largura óptima do arco de esquadria é W e tem um ângulo de 45 . Isto elimina a capacitância excessiva nas curvas, o que, por sua vez, aumenta o rácio de acoplamento capacitivo. As dimensões óptimas do arco de esquadria são calculadas utilizando a expressão desenvolvida por Douville e James [25].

A percentagem óptima de esquadria (m) é dada por (Douville et al. 2005),

$$m = \frac{x}{d} = 0.52 + 0.65 \times e^{\left(-1.35\times\left(\frac{W}{H}\right)\right)} \tag{3.1}$$

$0.5 \le W/H \le 2.75,\ 2.5 \le \varepsilon_r \le 25$ para e frequência de simulação (GHz) < 15/H(mils)

$_r$em que H = espessura do substrato e s é a constante dieléctrica do substrato e frequência de simulação (GHz) < 15/H(mils)

$_r$em que H = espessura do substrato e s é a constante dieléctrica do substrato

d é a diagonal de um separador quadrado e d=1,414 W

W é a largura da linha de microtiras

As tensões de diafonia nas extremidades distante e próxima podem ser descritas em termos de acoplamento indutivo e capacitivo.

$$V_f(t) = \frac{1}{2}\left(\frac{C_m}{C_T} - \frac{L_m}{L_S}\right)T_D \cdot \frac{dV_m(t-TD)}{dt} \tag{3.2}$$

A tensão de diafonia no lado oposto pode ser expressa da seguinte forma (Kyoungho

Lee et al. 2010),

A tensão de diafonia próxima pode ser expressa da seguinte forma,

$$V_n(t) = \frac{1}{4}\left(\frac{C_m}{C_T}+\frac{L_m}{L_S}\right)V_a(t) - V_{in}(t-2TD) \qquad (3.3)$$

em que TD é o tempo de propagação através da linha de transmissão.

$_{in}$V (t) é a tensão aplicada à entrada da linha agressora.

$_{mT}$C /C é o rácio de acoplamento capacitivo

Cm é a capacidade mútua

$_{Tsm}$C é a soma da capacidade limpa (C) com a capacidade recíproca (C) da linha de microfita.

$_{ms}$L /L é o rácio de acoplamento indutivo

Lm é a indutância mútua

$_{s}$L é a auto-indutância t é o tempo

O comprimento e a largura das linhas de microfita são escolhidos para manter as propriedades de casamento de impedância. O comprimento total da linha microstrip é de 8000 mils. O segmento vertical da estrutura proposta é cortado com uma percentagem de mitra óptima (m).

O comprimento unitário da secção transversal diminui à medida que o número de segmentos verticais aumenta, resultando num aumento da capacitância mútua entre as linhas do agressor e da vítima, uma vez que a direção do fluxo de corrente no segmento vertical é perpendicular ao segmento horizontal. Em consequência, o rácio de acoplamento capacitivo Cm/CT

aumenta à medida que a capacitância mútua aumenta. A chanfradura no segmento vertical também diminui a auto-capacitância dos segmentos verticais, o que, por sua vez, aumenta o rácio de acoplamento capacitivo, uma vez que a auto-capacitância é dez vezes superior à capacitância mútua. O ângulo de mitra determina a auto-capacitância, e quanto maior o ângulo de mitra, menor a auto-capacitância. É por isso que existe um valor ótimo para m, no qual tanto o FEXT como o NEXT se tornam mínimos em comparação com as linhas microstrip tradicionais.

3.3 RESULTADOS E DISCUSSÃO

3.3.1 Simulação da estrutura de montagem proposta utilizando EM Software de simulação

As estruturas de ligação existentes e propostas foram projectadas e simuladas com o Ansoft HFSS [27] para a gama de frequências de 0,5 GHz a 10 GHz. O comprimento (L) e a largura (W) da linha de microfita são assumidos como 8000 mils e 14 mils, respetivamente. As linhas agressora e vítima estão separadas por uma distância (S) de 19 mils e têm uma constante dieléctrica de er = 4,6 e uma espessura de substrato de 1,6 mm na PCB. O comprimento da secção transversal (D) da linha microstrip serpentina paralela é de 60 mils. A Figura 3.4 mostra uma vista tridimensional da estrutura serpentina microstrip proposta durante a simulação com o software Ansoft HFSS.

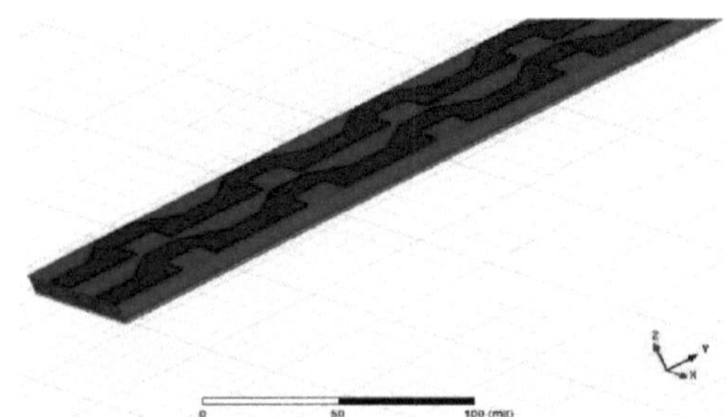

Figura 3.4 Estrutura proposta para a simulação de software EM

A fim de obter um desempenho ótimo da estrutura proposta, são efectuadas modificações paramétricas nesta estrutura de montagem em serpentina de microfita mitrada proposta. Esta análise das linhas microstrip propostas é efectuada com diferentes percentagens de mitra (m), comprimentos de secção (D) e espaçamentos (S).

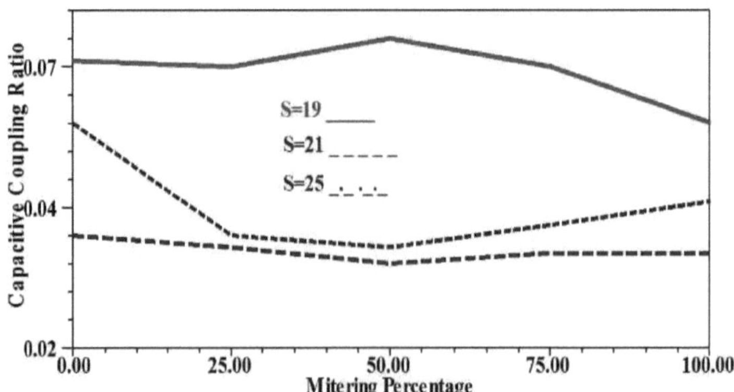

Figura 3.5: Comparação do rácio de acoplamento capacitivo com a

percentagem de linhas de microfita dobradas em mitra em diferentes espaçamentos (S)

A figura 3.5 mostra a variação do rácio de acoplamento capacitivo em função da percentagem de chanfro para diferentes distâncias entre as linhas (S). A figura 3.5 mostra que a razão de acoplamento capacitivo diminui à medida que a percentagem de chanfro m aumenta, enquanto a razão de acoplamento capacitivo aumenta à medida que a distância entre duas linhas aumenta devido à diminuição da auto-capacitância. O rácio de acoplamento indutivo é considerado aqui como sendo 0,071. A Figura 3.6 mostra o diagrama FEXT das linhas serpentinas de microfita propostas, com uma mitra de 50% (m), para diferentes espaçamentos entre linhas (S). Os valores de FEXT para comprimentos de secção de 60 mils, 90 mils e 120 mils são -21,869 dB, -5,3095 dB e -5,065 dB, respetivamente. A observação do resultado simulado mostra que a estrutura para D=60 mils tem um FEXT reduzido de 15 dB, o que é mais do que para os outros comprimentos de secção na gama de frequências de 0,5 GHz a 10 GHz. Os resultados destes diagramas mostram que a estrutura proposta com um comprimento de secção de 60 mils oferece um desempenho ótimo.

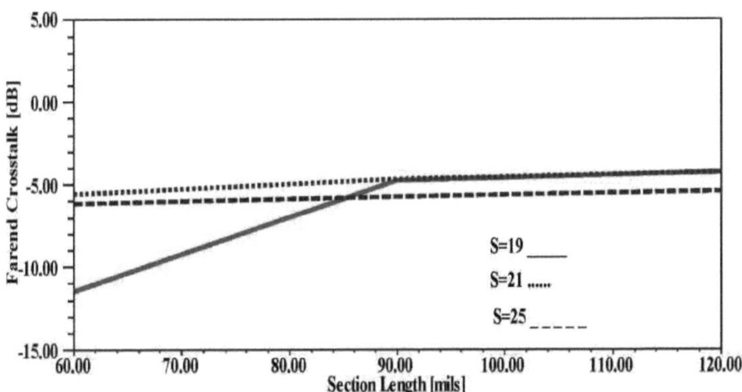

Figura 3.6 Comparação do FEXT (S) e do comprimento da secção (D) das linhas de microfita propostas com mitra e bobinas

13A figura 3.7 mostra o NEXT (S) em função da frequência para a estrutura proposta para diferentes comprimentos de secção unitária (D), sendo a distância entre duas linhas (S) escolhida como sendo de 19 mils. Os valores NEXT para comprimentos de secção de 60 mils, 90 mils e 120 mils são -28,8729 dB, -24,112 dB e -26,950 dB, respetivamente, à frequência máxima de 8 GHz. Observam-se variações significativas para os diferentes comprimentos de secção. A observação do resultado simulado mostra que D=60 mils, em que a estrutura NEXT é reduzida em 4 dB, é superior aos outros comprimentos de secção na gama de frequências de 0,5 GHz a 10 GHz. As observações da Figura 3.6 e da Figura 3.7 mostram que as linhas de microfita mitrada propostas funcionam bem quando a distância entre duas linhas (S) é de 19 mils e o comprimento da secção unitária (D) é de 60 mils. Foram efectuadas variações paramétricas para selecionar a largura óptima da mitra para a estrutura proposta. À medida que o comprimento da secção diminui, o rácio de acoplamento capacitivo aumenta devido a um aumento do acoplamento mútuo entre duas linhas. Assim, para D=60 mils e S=19 mils, FEXT e NEXT tornam-se menores do que para outros comprimentos de secção e distâncias.

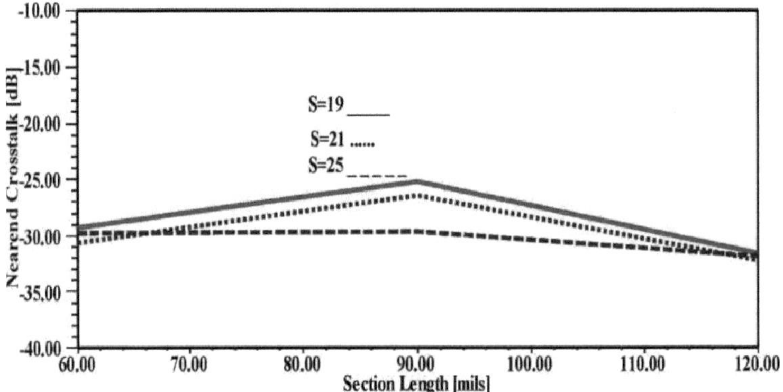

Figura 3.7 Comparação entre o NEXT (S13) e o comprimento da secção (D) das linhas de microfita propostas com arcos biselados e bobinas

Os resultados mostram que a estrutura com um comprimento de secção de 60 mils tem menos NEXT e FEXT em comparação com comprimentos de secção de 90 mils e 120 mils com uma distância de S=19 mils entre duas linhas. Estes resultados também mostram que o NEXT e o FEXT podem ser reduzidos com distâncias mínimas, o que, por sua vez, aumenta a densidade de empacotamento da placa de circuito impresso de alta velocidade. Os resultados da simulação mostram que o desempenho das linhas de microfita em serpentina mitrada propostas com espaçamento S=19 mils e comprimento de secção D=60 mils é melhor do que a estrutura proposta com espaçamento de 21 mils e 25 mils.

A Figura 3.8 mostra a comparação da perda de retorno simulada para a estrutura proposta com S=19 mils e D=60 mils com a estrutura convencional. A linha microstrip proposta com esquadria proporciona uma perda de retorno de 22 dB - 26 dB na gama de frequências de 0,5 GHz a 8 GHz, em comparação com as linhas microstrip convencionais em serpentina sem entalhe.

Figure 3.8 Comparação da perda de retorno (S11) em função da frequência entre as entre as linhas serpentinas microstrip mitra e as linhas serpentinas convencionais linhas serpentinas tradicionais a S=19 mils, D=60 mils e m=50%.

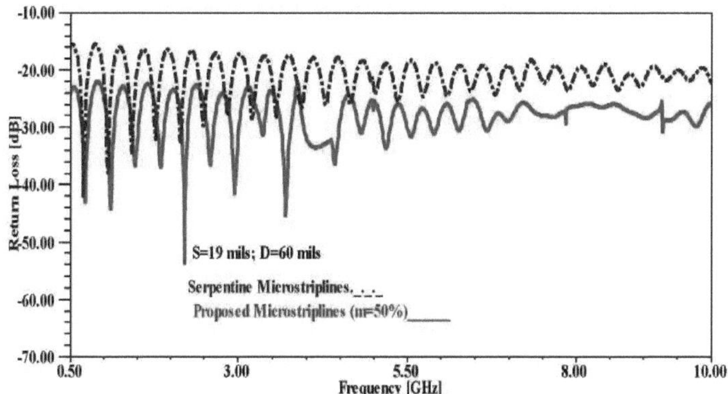

Figure 3.8 mostra uma comparação da perda de inserção das linhas serpentinas microstrip convencionais e das linhas serpentinas microstrip propostas com um separador m=50%. A estrutura proposta oferece uma perda de inserção de 3,5 -6 dB

na gama de frequências de 3 GHz a 8 GHz.

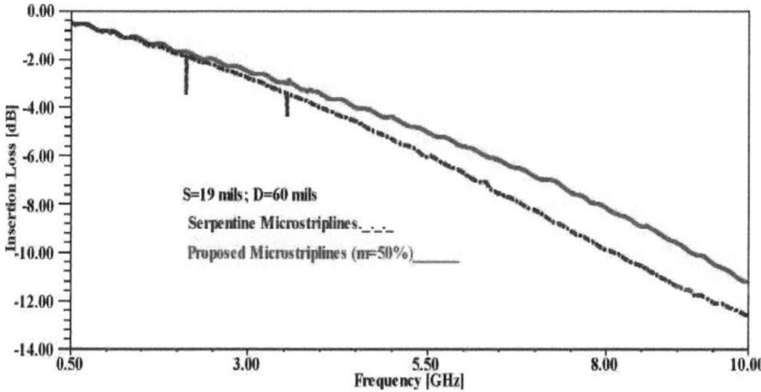

Figura 3.9 Comparação da perda de inserção (S12) em função da frequência entre as linhas de microfita serpentina com mitra propostas e as linhas de microfita serpentina convencionais a S=19 mils, D=60 mils e m=50%.

Figure 3.9 mostra o diagrama de comparação NEXT das linhas de microfita propostas com as linhas de microfita serpentina convencionais na gama de frequências de 8 GHz.

A diafonia de proximidade (NEXT) da estrutura proposta é de -28,8729 dB. Isto mostra que a linha de microfita proposta reduz o NEXT em mais 5 dB do que as linhas de microfita serpentina paralelas convencionais, o que é consistente com a literatura que indica que as linhas de microfita serpentina paralelas aumentam o NEXT em comparação com as linhas de microfita paralelas.

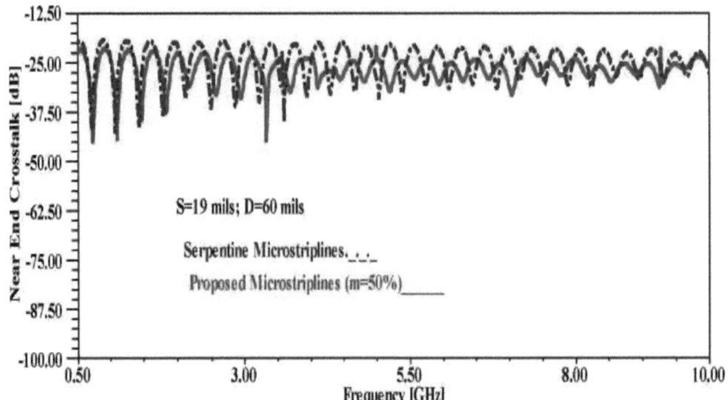

Figura 3.10 Diagrama de comparação entre o NEXT (s13) e a frequência das linhas de microfita em serpentina com mitra propostas e as linhas de microfita em serpentina convencionais a S=19 mils, D=60 mils e m=50

Figure 3.9 mostra o gráfico de comparação FEXT da linha de microfita proposta com linhas de microfita convencionais na gama de frequências de 8 GHz. A diafonia à distância (FEXT) de -21,7351 dB é alcançada na gama de frequências de 8 GHz para a linha de microfita proposta. Isto mostra que a linha de microfita proposta reduz o FEXT em mais 4 dB do que as linhas de microfita paralelas serpentinas convencionais. A magnitude do FEXT e do NEXT depende do rácio de acoplamento indutivo e capacitivo, como se mostra na equação (3.2) e na equação (3.3).

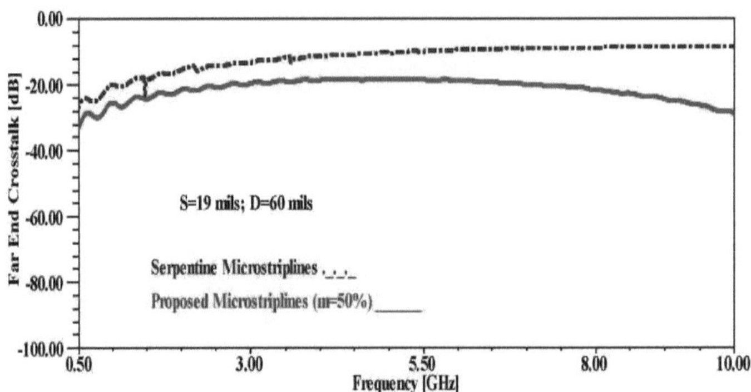

Figura 3.11 Comparação do FEXT (s14) com a frequência das linhas de contacto propostas. Linhas de microfita em serpentina mitrada e linhas de microfita em serpentina convencional

Linhas a S=19 mils, D=60 mils e m=50

3.3.2 Análise no domínio do tempo da estrutura proposta com EM Software de simulação

A análise no domínio do tempo também foi efectuada utilizando um software de simulação electromagnética. Uma fonte TDR com um tempo de subida inicial de 50 ps e um tamanho de passo de 0,4 V foi aplicada à linha de agressão e a tensão de diafonia foi determinada em ambas as extremidades da linha vítima. As tensões de diafonia induzidas são mostradas na Figura 3.12 e na Figura 3.13. Em comparação com as linhas microstrip convencionais, as linhas microstrip propostas reduziram o pico da tensão de diafonia próxima em mais de 7 mV e a tensão de diafonia distante em mais de 15 mV.

Figura 3.12 Comparação da tensão de diafonia próxima em função do tempo entre as linhas de microfita mitrada e linhas de microfita convencionais a S=19 mils, D=60 mils e m=50%.

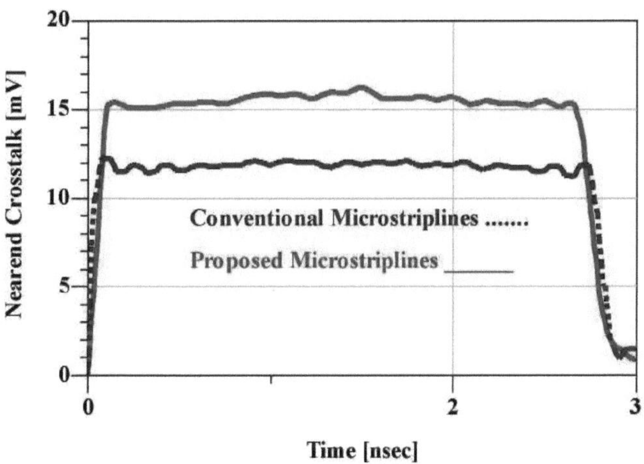

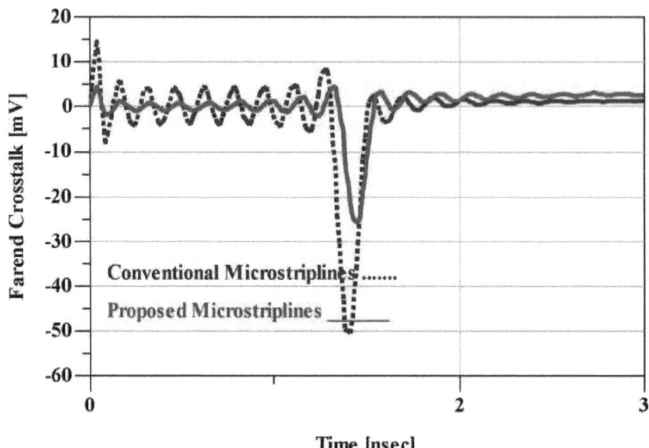

Figura 3.13 Comparação da tensão de diafonia no lado remoto em função do tempo entre as linhas de microfita propostas com curvatura em mitra e as linhas de microfita tradicionais a S=19 mils, D=60 mils e m=50%.

A área da secção transversal da linha microstrip proposta varia ao longo da direção longitudinal no limite de cada estrutura de ligação. Para determinar o efeito das descontinuidades, a impedância caraterística da linha microstrip convencional e da linha microstrip proposta foi extraída utilizando um método no domínio do tempo.

refletómetro (TDR) com um tempo de subida inicial de 50 ps. A Figura 3.14 mostra o perfil de impedância das linhas microcondutoras convencional e proposta.

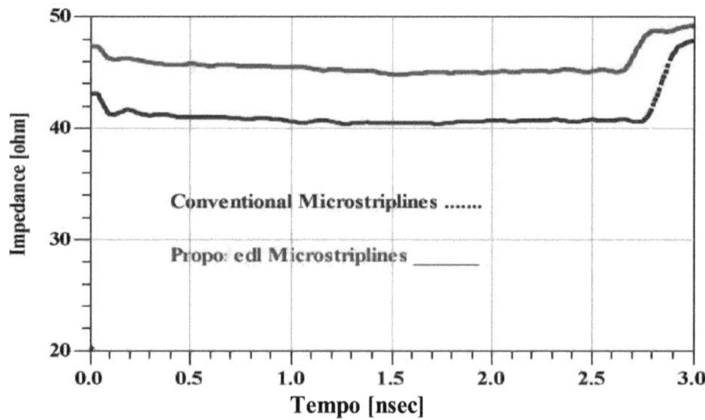

Figura 3.14 Comparação da impedância caraterística em função do tempo das linhas de microfita propostas com uma curvatura em esquadria com as linhas de microfita convencionais a S=19 mils, D=60 mils e m=50

3.3.3 Validação experimental da serpentina proposta com um arco biselado

Linhas de microstrips

O protótipo de linhas microstrip convencionais em serpentina é mostrado na Figura 3.15 (a), e a Figura 3.15 (b) mostra uma foto da estrutura proposta para um separador m = 50% e uma distância entre duas linhas (S) de 19 mils.

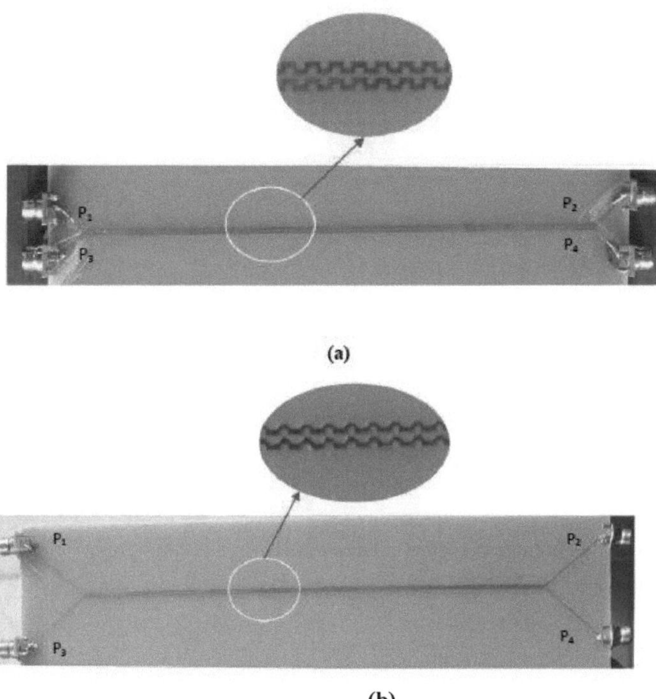

(a)

(b)

Figura 3.15 Protótipo de linhas microstrip de serpentina (a) (b) linhas serpentinas de microfita com mitra propostas

A figura 3.16 mostra o ecrã de medição FEXT para a linha microstrip serpentina proposta, utilizando um analisador de rede Agilent N9926A. A Figura 3.17 mostra os resultados medidos da perda de retorno da linha serpentina microstrip proposta, com comprimento de secção D = 60 mils, distância entre duas linhas S = 19 mils e percentagem de mitra m = 50%. A observação do resultado mostra que a linha serpentina microstrip proposta proporciona uma melhor atenuação do tiro pela culatra de 22-25 dB, o que está de acordo com o resultado da simulação.

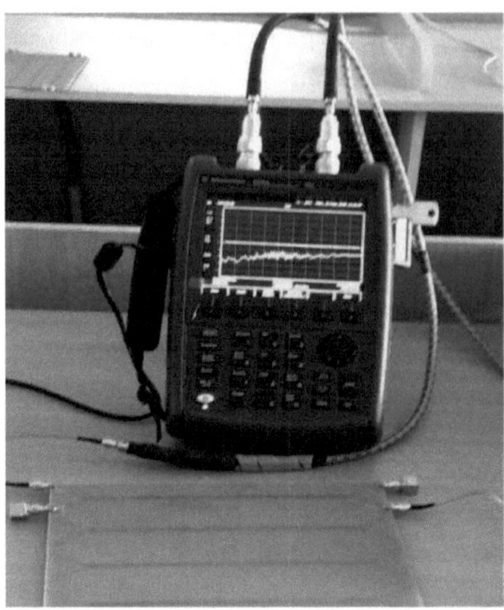

Figura 3.16 Ensaio das linhas serpentinas de microfita propostas, mitradas, com S=19 mils, D=60 mils e m=50% para medição de FEXT

A figura 3.18 mostra uma comparação dos resultados medidos da perda de inserção (s_{12}) em função da frequência para as linhas de microfita em serpentina com esquadria propostas e as linhas de microfita em serpentina sem dobra convencionais. A figura mostra que as linhas microstrip propostas têm uma melhor perda de inserção de 5 a 9 dB na gama de frequências de 0,5 GHz a 8 GHz.

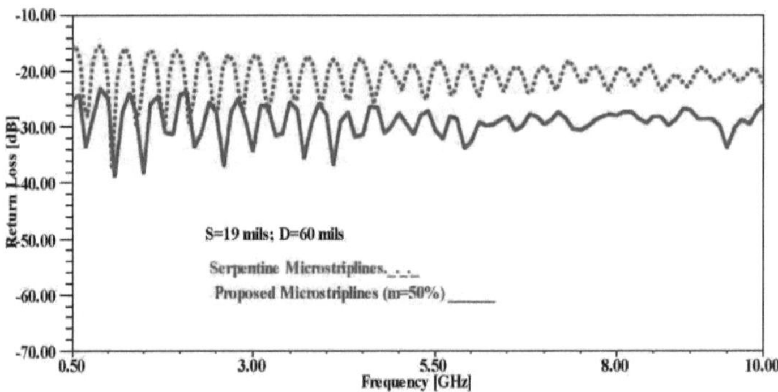

Figura 3.17Comparação dos resultados medidos da perda de retorno (s_{11}) em função da frequência para as linhas de microfita serpentina com mitra propostas e as linhas de microfita serpentina convencionais

linhas com S=19 mils, D=60 mils e m=50 %.

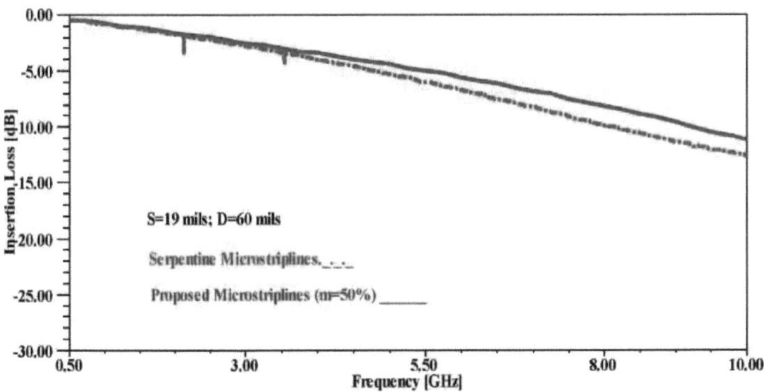

12Figura 3.18Resultados medidos da perda de inserção (S) em função da frequência para as linhas de microfita serpentina com mitra propostas e as linhas de microfita serpentina convencionais com S=19 mils, D=60 mils e m=50%.

A Figura 3.19 mostra o gráfico de comparação NEXT dos resultados medidos das linhas de microfita mitrada propostas com as linhas de microfita serpentina convencionais na gama de frequências de 8 GHz. O valor NEXT da estrutura proposta é de -27,012 dB. Isto mostra que as linhas de microfita propostas reduzem o NEXT em mais 4 dB do que as linhas de microfita em serpentina sem torção. Aumento das linhas de microfita sem torção

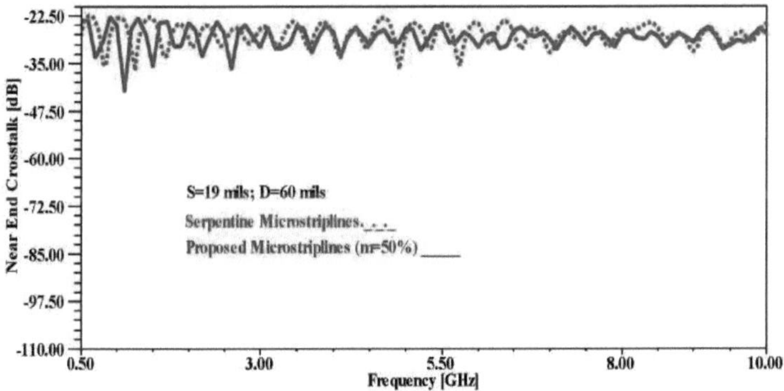

NEXT como linhas microstrip paralelas, tal como referido na literatura (Kyoungho Lee et al.

2010) Existe uma boa concordância entre os resultados simulados e os resultados medidos.

Figura 3.19 Gráfico comparativo de NEXT (S13) versus resultados de medições

de frequência para as linhas serpentinas de microfita mitrada propostas e linhas serpentinas de microfita convencionais com S=19 mils, D=60 mils e m=50%.

A figura 3.20 mostra o gráfico de comparação do FEXT dos resultados das medições da linha de microfita proposta com linhas de microfita convencionais na gama de frequências de 1 GHz a 8 GHz. Obtém-se um FEXT de -19,7051 dB na gama de frequências de 8 GHz para as linhas de microfita serpentina curvadas em mitra propostas. Isto mostra que as linhas de microfita propostas reduzem o FEXT em mais 2 dB do que as linhas de microfita serpentina sem torção convencionais, o que é consistente com os resultados da simulação.

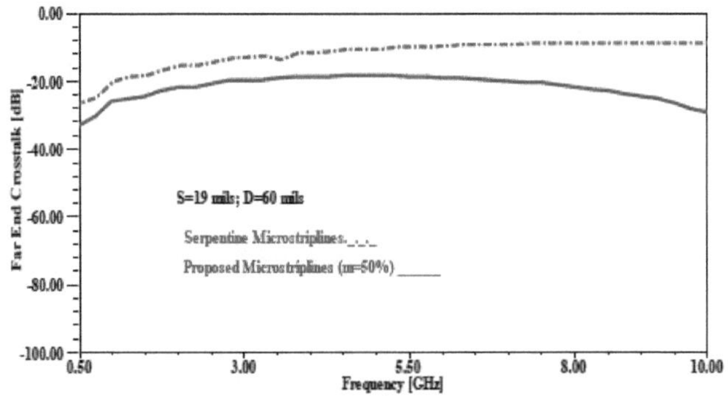

Figura 3.20 Gráfico comparativo do FEXT (S14) medido em função da frequência
para as linhas de microfita em serpentina com mitra propostas e as linhas de microfita em serpentina convencionais

linhas com S=19 mils, D=60 mils e m=50%.

A Figura 3.21 mostra a configuração de medição LCR para as linhas serpentinas de microfita dobradas em mitra propostas. As indutâncias e capacitâncias foram verificadas experimentalmente com um medidor LCR. A frequência de teste do medidor LCR foi definida para 1 MHz. smTA Tabela 3.3 mostra a auto-indutância extraída (Ls), a auto-capacitância (C), a indutância mútua (L) e a capacitância total (C). A capacitância mútua (Cm) aumenta quase um fator de 20 em comparação com a estrutura convencional, enquanto o acoplamento indutivo muda muito pouco. O rácio de acoplamento capacitivo da estrutura proposta foi de 0,033, enquanto o da estrutura convencional foi de 0,0347. O rácio de acoplamento indutivo foi de 0,035 no caso convencional e de 0,0356 na estrutura proposta. A diferença entre o rácio de acoplamento indutivo e o rácio de acoplamento capacitivo foi reduzida de 0,008 na estrutura convencional para 0,002 na estrutura proposta. Isto representa uma melhoria de aproximadamente 43%. O modelo proposto reduz o NEXT em mais de 12 dB em comparação com as estruturas convencionais descritas na literatura.

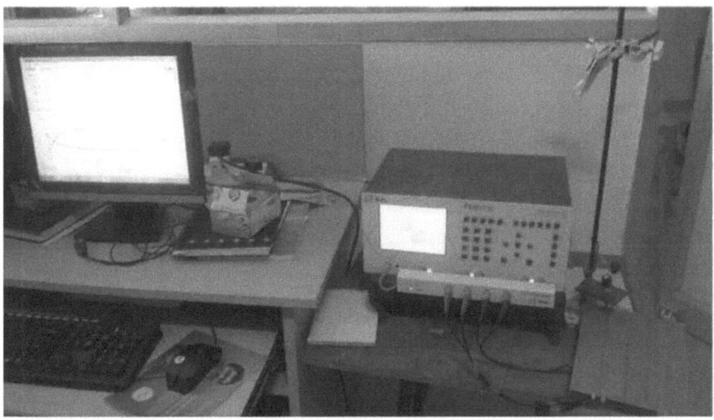

Figura 3.21 Medição da CSF para as linhas de microtubagem em serpentina propostas na secção em esquadria, utilizando o dispositivo de medição da CSF N4L PSM1735.

Tabela 3.1 Ls, Lm, Cet CT **extraídos com o medidor LCR N4L PSM1735**

	Linhas de microfita paralelas	Linhas de microfita serpentina	Proposta de microstrip com dobra em mitra
$_s$L (nH/m)	456	452	447
$_m$L (nH/m)	16.8	16.09	15.67
$_T$C (pF/m)	119	125.23	122.01
Cm(pF/m)	0.90	4.35	4.12
Lm/Ls	0.0368	0.0356	0.035
Cm/CT	0.0076	0.0347	0.033
$_m$C /CT - Lm/Ls	-0.029	**-0.008**	**0.002**
Cm/C_T + Lm/Ls	0.044	**0.0704**	**0.068**

A estrutura de microfita proposta foi validada por análise FDTD. Os resultados numéricos obtidos pelo método FDTD foram obtidos na gama de frequências de 1 GHz a 8 GHz. Na análise, as dimensões espaciais Ax, Ay e Az foram escolhidas com 0,05 mm, 0,5 mm e 0,265 mm ao longo das direcções x, y e z, respetivamente. $_z$As dimensões totais da matriz foram 50x420x50 células nas direcções x, y e z, respetivamente. Na análise FDTD, foram obtidos resultados numéricos convergentes graças a uma escolha adequada dos parâmetros temporais e espaciais. Com base no critério de estabilidade, o passo de tempo foi de 0,441ps (At= min (Ax, Ay, Az)/2v) (Dennis M

Sullivan 2000), porque a convergência da solução dependia dos parâmetros temporais e espaciais. O comprimento da estrutura era de 8000 mils, enquanto a largura da faixa era de 14 mils. As linhas 1 e 2 tinham o mesmo comprimento e estavam separadas por 19 mils. A fonte de tensão óhmica foi induzida no terminal P1 com uma impedância de casamento de 50 Q tanto na fonte como na carga. O comprimento da secção transversal da estrutura foi escolhido como sendo de 60 mils e a distância entre duas linhas foi assumida como sendo de 19 mils. Para as linhas microstrip paralelas em serpentina, o segmento vertical de 14 mils e o segmento horizontal de 60 mils foram escolhidos para análise. O separador ótimo é assumido como sendo de 50% para a simulação.

Figure 3.22 mostra a comparação da perda de retorno entre o modelo simulado (Ansoft HFSS e FDTD) e o modelo fabricado da estrutura de microfita proposta. Existe uma ligeira discrepância na gama de frequências de 0,5 GHz - 10 GHz. A convergência entre os resultados simulados e medidos é de 85%.

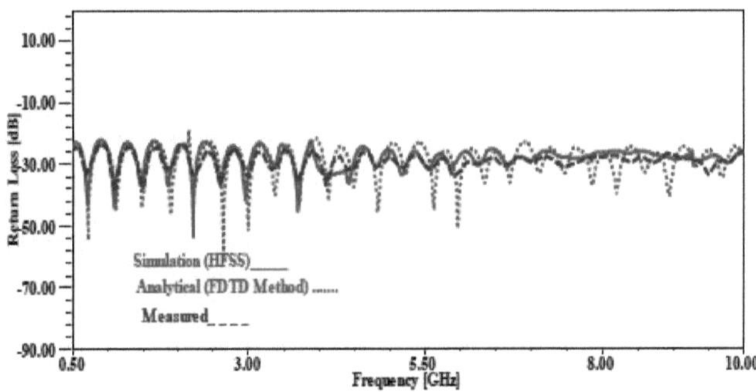

Figure 3.23 **11Comparação entre a perda de retorno (S) simulada e medida em função da frequência para as linhas de microfita propostas com arcos biselados e bobinas para S=19 mils, D=60 mils e m=50%.**

Figure 3.24 mostra a comparação da atenuação de inserção entre

(tanto Ansoft HFSS como FDTD) e o resultado medido da estrutura de microfita proposta. A Figura 3.24 mostra o diagrama de comparação NEXT entre o modelo simulado (Ansoft HFSS e FDTD) e o modelo fabricado da estrutura de microfita proposta.

O mesmo resultado foi obtido na simulação. Na gama de frequências 0,5 GHz - 8 GHz, existe uma ligeira diferença para o NEXT.

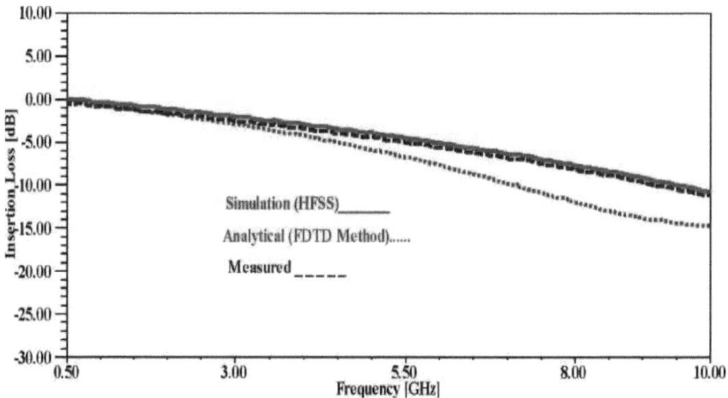

Figura 3.23 Comparação entre a perda de inserção simulada e a medida (S)12

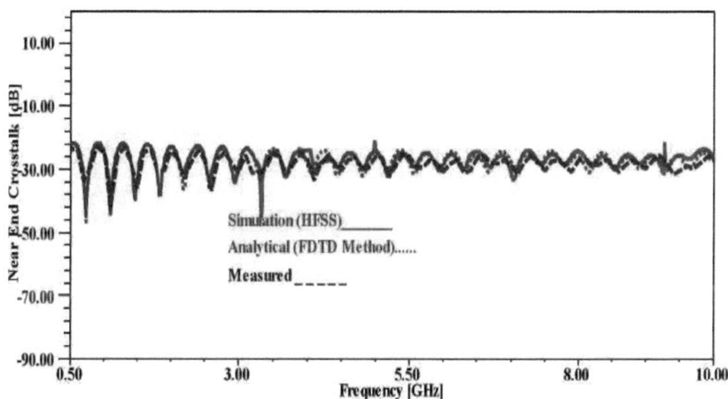

Figura 3.24 Comparação entre o NEXT (S) simulado e medido13

Figure 3.25 mostra o gráfico de comparação do FEXT entre a estrutura de microfita simulada e a estrutura de microfita fabricada. Na gama de frequências de 1 GHz a 8 GHz, existe uma ligeira diferença no FEXT entre os resultados simulados e medidos, enquanto os resultados FDTD e medidos são idênticos em toda a gama de frequências.

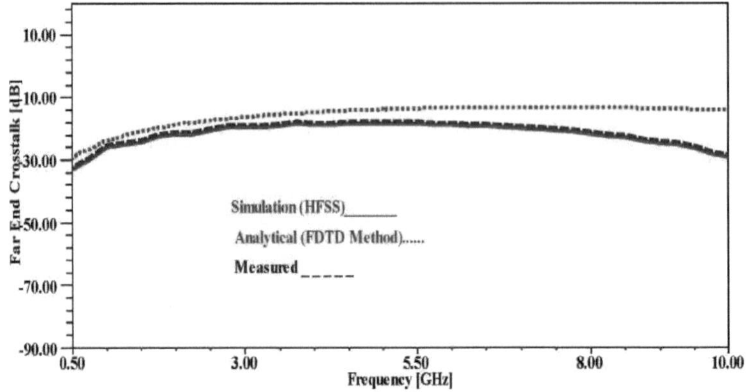

Figura 3.25 Comparação entre o FEXT (S) simulado e medido[14]

As Figuras 3.22 a 3.25 mostram que existem algumas discrepâncias entre os resultados simulados e medidos, devido a defeitos de fabrico que nada têm a ver com os efeitos da espessura do condutor na simulação e com as perdas não condutoras dependentes da frequência e as perdas de instrumentação.

3.4 RESUMO

Neste capítulo, os valores NEXT e FEXT das linhas de microfita serpentina em placas de circuito impresso propostas foram simulados numa gama de frequências de 0,5 GHz a 10 GHz, utilizando a ferramenta de simulação Ansoft HFSS. Estes resultados de simulação foram comparados com os resultados medidos. Verifica-se uma boa concordância entre a simulação e os resultados experimentais. As linhas serpentinas de microfita com curvas em esquadria reduziram o FEXT em mais de 40% e também reduziram o NEXT em 17%. Para ligações muito densas, o FEXT e o NEXT devem ser ainda mais reduzidos com requisitos mínimos de espaço.

CAPÍTULO 4

APLICAÇÃO NO CANAL SSTL

4.1 INTRODUÇÃO

O desenvolvimento de novas comunicações e tecnologias conexas exige circuitos electrónicos complexos e de elevado desempenho. Estes circuitos têm de ser fabricados com um tamanho funcional reduzido e o processo de redução só pode ser tolerado até determinados limites, especialmente num ambiente de circuitos comprimidos em que a integridade do sinal é uma questão importante. A diafonia entre linhas na placa de circuito impresso é um dos efeitos negativos na integridade do sinal devido à redução do tamanho. Recentemente, ao estudar as linhas de interconexão em circuitos integrados de micro-ondas, tem sido dada mais atenção ao conceito de módulos multi-chip e PCB de alta velocidade devido à redução da largura e do espaçamento, bem como ao aumento da frequência e da taxa de relógio. Esta tendência provoca radiações electromagnéticas, diafonia, reflexões e desvios, que estão intimamente ligados ao desempenho das ligações de alta velocidade. O desempenho dos sistemas de alta velocidade depende da conceção adequada das linhas de interligação para minimizar a sua dimensão e reduzir a diafonia. Em geral, existem vários aspectos para reduzir a diafonia nas placas de circuito impresso de alta velocidade, a fim de melhorar o desempenho da transmissão. Em particular, a diafonia induzida depende da escolha das estruturas das linhas de transmissão, das suas dimensões e das frequências do sinal. As linhas microstrip são geralmente utilizadas como linhas de transmissão para ligações chip-a-chip em circuitos impressos de alta velocidade.

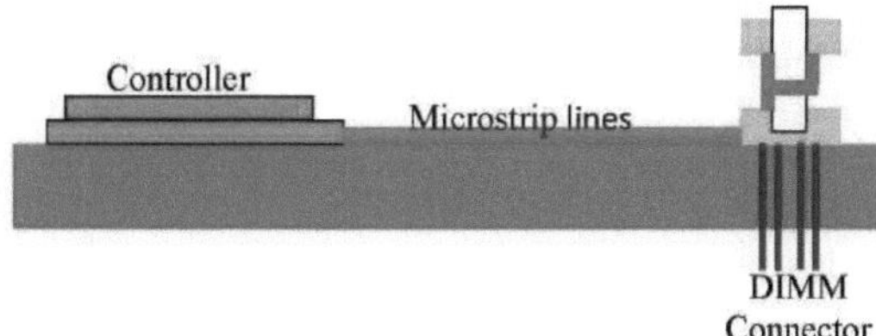

Figura 4.1 Secção transversal da linha de dados de uma interface DRAM de duas gotas (SSTL)

A memória dinâmica de acesso aleatório (DRAM) é o tipo de memória mais comum no mercado atual de processadores, uma vez que é utilizada como memória principal nos computadores pessoais. Um chip de controlo da DRAM numa placa-mãe está ligado a

Os chips DRAM numa placa filha através de um conetor DIMM (Dual In-Line Memory Module) utilizando as linhas de transmissão na placa de circuito impresso. Na maioria das vezes, são utilizadas linhas de transmissão microstrip ou striplines para a aplicação. Dos dois tipos de linhas de transmissão, as striplines reduzem mais o FEXT, mas para acomodar um maior número de sinais de forma económica, as linhas microstrip são utilizadas nestas aplicações, embora o seu comportamento de diafonia seja menos bom do que o das striplines.
Um módulo de memória em linha dupla (DIMM) é uma pequena placa de circuito impresso que contém um ou mais chips de memória dinâmica de acesso aleatório (DRAM). Para aumentar a capacidade máxima de memória, é frequentemente utilizado um canal de extremidade única com vários pinos numa interface DRAM. A utilização de um canal de terminação única reduz o número de pinos DRAM e a área de encaminhamento. Em geral, as linhas microstrip são frequentemente utilizadas para estas aplicações. Devido ao seu baixo custo de fabrico e ao reduzido número de camadas, as linhas microstrip paralelas num barramento de dados PCB geram uma quantidade considerável de FEXT. A figura 4.1 mostra uma secção transversal da linha de dados de uma interface DRAM de 2 gotas.
Nesta secção, é discutido e apresentado o desempenho das estruturas de interligação microstrip convencionais e propostas na redução das diafonias. São efectuadas análises no domínio da frequência e do tempo para as estruturas de interligação microstrip convencionais e propostas.

4.2 ANÁLISE NO DOMÍNIO DA FREQUÊNCIA COM SIMULAÇÃO EM SOFTWARE

A figura 4.2 mostra os resultados da simulação do NEXT e do FEXT de linhas de microfita paralelas na gama de frequências de 0,5 GHz a 10 GHz, utilizando o software de simulação Ansoft HFSS. Os resultados da simulação do NEXT e do FEXT das linhas de microfita em serpentina na gama de frequências de 0,5 GHz a 10 GHz são apresentados na figura 4.3. A observação destes diagramas mostra que as linhas de microfita em serpentina reduzem a diafonia de longa distância em mais de 5 dB e aumentam a diafonia de curta distância em 12 dB na gama de frequências de 8 GHz, tal como referido na literatura (Kyoung Lee et al. 2010). Esta é a principal desvantagem das linhas de microfita paralelas serpentinas convencionais.

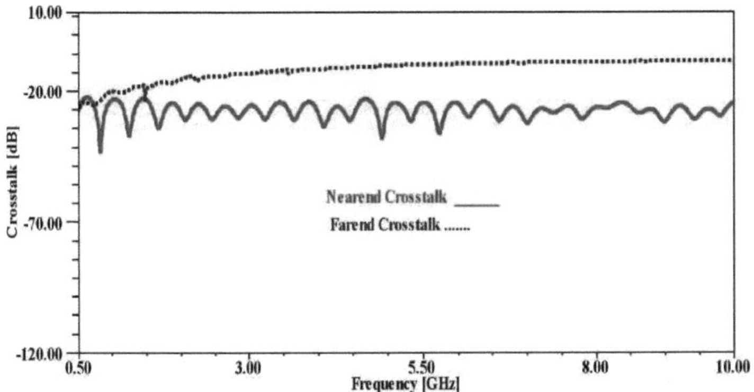

Figura 4.2 Resultados da simulação para NEXT e FEXT em função da frequência para linhas de microfita paralelas para S=19 mils

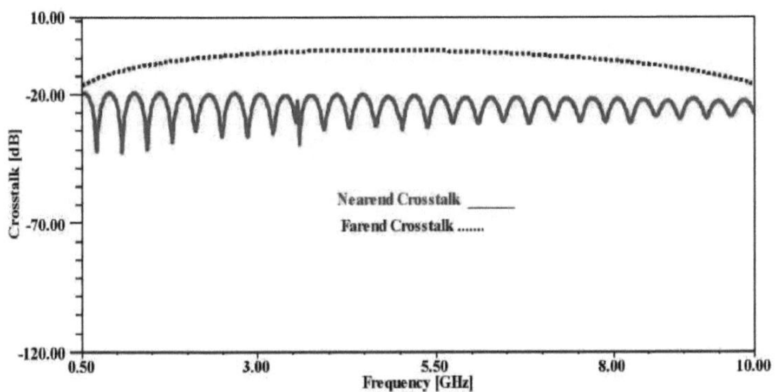

4.3 Figura 4.3 Resultados da simulação para NEXT e FEXT em função da frequência da linha de microfita com mitra linhas de microfita mitra para S=19 mils e D=60 mils

A figura 4.3 mostra os resultados da simulação de NEXT e FEXT de uma nova classe de estruturas de interconexão microstrip, nomeadamente linhas serpentinas microstrip com mitras na gama de frequências de 0,5 GHz a 10 GHz. As linhas serpentinas de microfita modificadas propostas reduzem o FEXT em 4 dB e o NEXT em mais de 3 dB em comparação com as linhas serpentinas de microfita paralelas convencionais. A redução do FEXT e do NEXT deve-se ao aumento do acoplamento capacitivo.

4.3 ANÁLISE NO DOMÍNIO DO TEMPO COM O SOFTWARE DE SIMULAÇÃO EM

A análise no domínio do tempo também foi efectuada sob a forma de medições do diagrama de olho e a instabilidade causada pela diafonia é calculada a partir do diagrama de olho. A figura 4.4 mostra o diagrama de blocos da configuração de medição para simular o diagrama de olho utilizando o software de simulação EM.

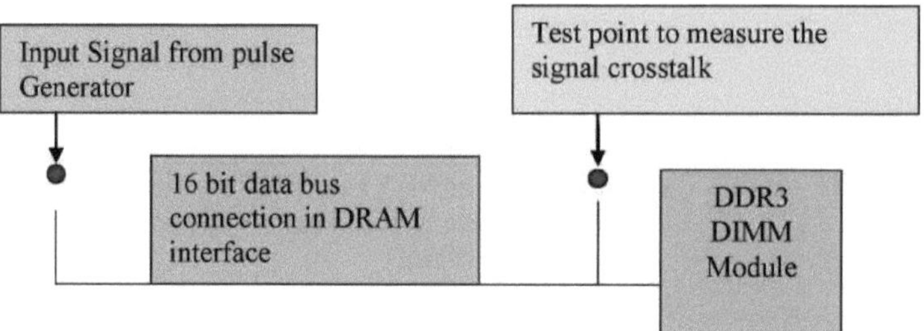

Figura 4.4 Estrutura de medição do diagrama ocular

O desempenho do canal SSTL foi estudado ligando a placa principal, incluindo o DIMM, a um gerador de impulsos e a um osciloscópio, como se mostra na Figura 4.4. [15]Foi aplicado um sinal 231 - 1 Pseudo Random Binary Sequence (PRBS) à linha agressora e um sinal 2 -1 Pseudo Random Binary Sequence (PRBS) à linha vítima. Estes dois sinais não correlacionados foram sincronizados um com o outro no domínio do tempo. Foram utilizados cabos de baixa perda para medições de alta frequência para encaminhar os sinais PRBS com bordos ascendentes acentuados para as linhas de microfita. Foram registados diagramas oculares para estruturas de interligação microstrip convencionais e uma classe de estruturas de interligação microstrip propostas com D = 60 mils, espaçamento entre linhas de S = 19 mils e uma percentagem de atenuação de 50% no pino de entrada DRAM da linha sacrificial a uma taxa de dados de 3,3 Gb/s para capacitâncias de entrada DRAM de 3,5 pF.

No caso de não haver diafonia, o sinal foi aplicado apenas à linha vítima, mantendo-se a linha agressora fechada em ambas as extremidades. Os valores de jitter foram divididos em dois componentes, nomeadamente o jitter de interferência intersímbolo (ISIJ) e o jitter induzido por diafonia (CIJ). O ISIJ foi deduzido diretamente do jitter medido.

sem diafonia, e o CIJ foi obtido subtraindo o ISIJ do jitter total medido com diafonia. A Figura 4.5 e a Figura 4.6 mostram os diagramas de olho para as estruturas de interconexão convencionais e propostas, com e sem diafonia. A classe proposta de estruturas de interconexão de linha microstrip reduziu o ICJ em 0,5 ps quando a capacitância do pino de entrada da DRAM era de 3,5 pF. Em comparação com as linhas microstrip paralelas, o ICJ foi reduzido de 79,2 ps para 2,39 ps.

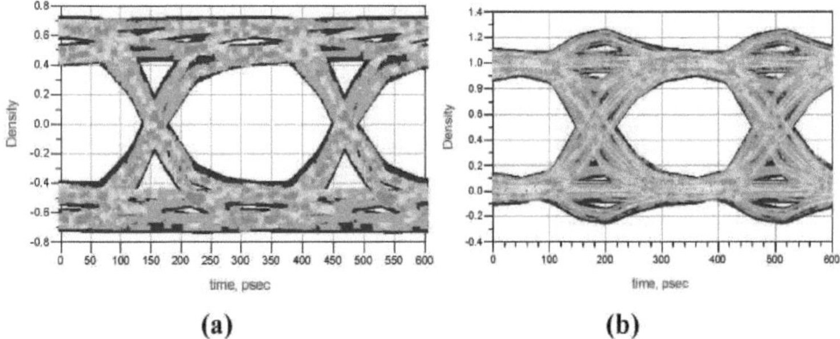

(a) (b)

Figure 4.5 **Diagrama ocular de linhas microstrip convencionais em serpentina (a) sem diafonia (b) com diafonia**

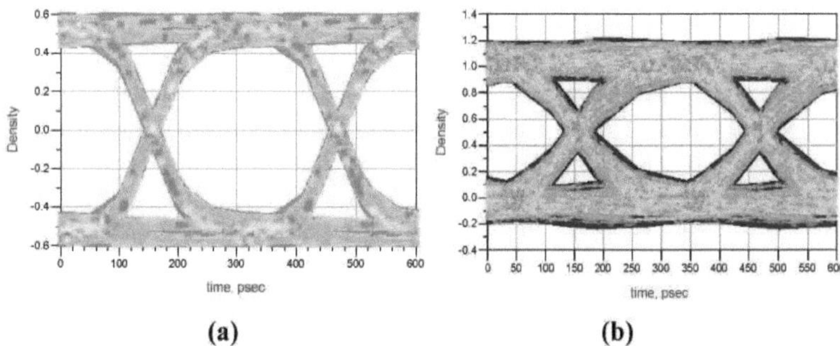

(a) (b)

Figure 4.6 **Diagrama ocular de linhas microstrip em forma de serpente, dobradas em mitra (a) sem diafonia (b) com diafonia**

Figure 4.7 mostra a comparação da curva da banheira simulada a uma taxa de dados de 3,3 Gbps para a estrutura de interligação microstrip proposta. A aplicação das novas estruturas de interconexão microstrip ao canal de interface SSTL DRAM com uma capacitância de entrada DRAM de 3,5pF mostrou que as estruturas propostas aumentaram a taxa máxima de dados de 800Mbps para 3,3Gbps e reduziram o CIJ em mais de 2ps.

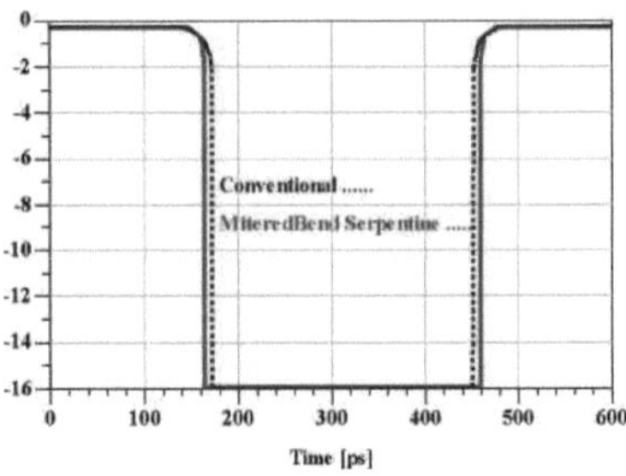

Figura 4.7 Diagrama comparativo da curva de banheira simulada a 3,3 Gbit/s para microfitas de serpentina cortada

4.4 VALIDAÇÃO EXPERIMENTAL DA PLACA DRAM

Para avaliar o desempenho das estruturas de interconexão propostas em um ambiente real de interface chip a chip, as linhas de microfita convencionais e propostas foram gravadas na placa DRAM entre os chips transmissor e recetor fabricados em um processo CMOS de 0,18 μm. É necessário avaliar o desempenho das estruturas propostas num ambiente real de transmissão de sinais com novas estruturas de interconexão. A Figura 4.8 mostra a foto de uma placa de circuito impresso com novas estruturas de interconexão como conexões paralelas para a interface DRAM. A placa DRAM foi fabricada de acordo com a especificação DDR3 SDRAM com conetor DIMM de 240 pinos.

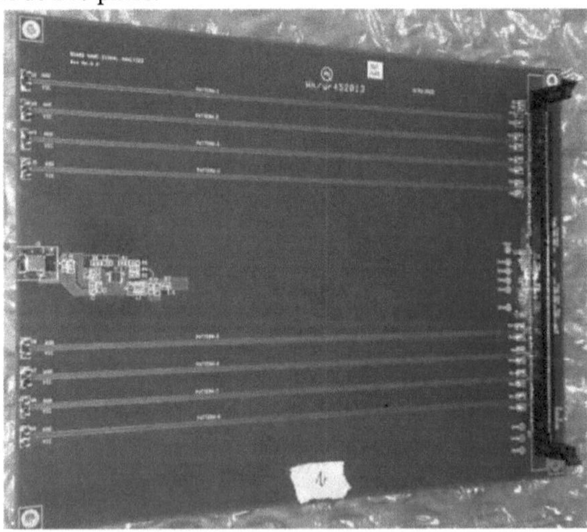

Figura 4.8 Fotografia da placa de circuito impresso fabricada com novas estruturas de ligação como ligações paralelas para a interface DRAM

A Figura 4.9 e a Figura 4.10 mostram os resultados medidos de FEXT e NEXT de linhas de microfita convencionais. Não existe uma diferença significativa entre os resultados simulados e medidos.

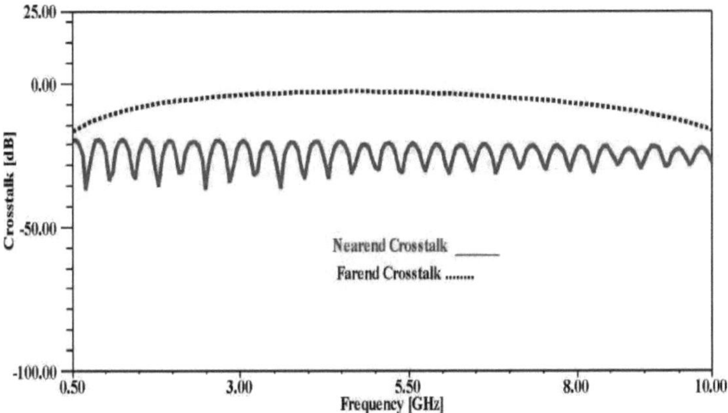

Figura 4.9 Resultados das medições NEXT e FEXT em função da frequência da ligação em paralelo
Linhas de microfita para S=19 mils

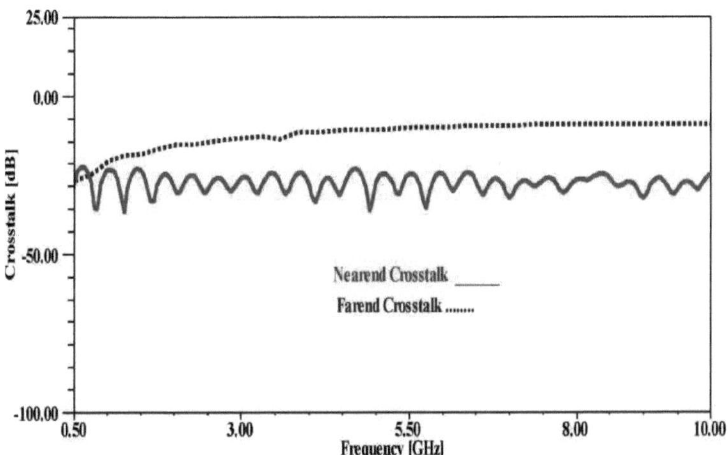

Figura 4.10 Resultados das medições NEXT e FEXT em função da frequência para linhas serpentinas de microfita paralelas para S=19 mils e D=60 mils

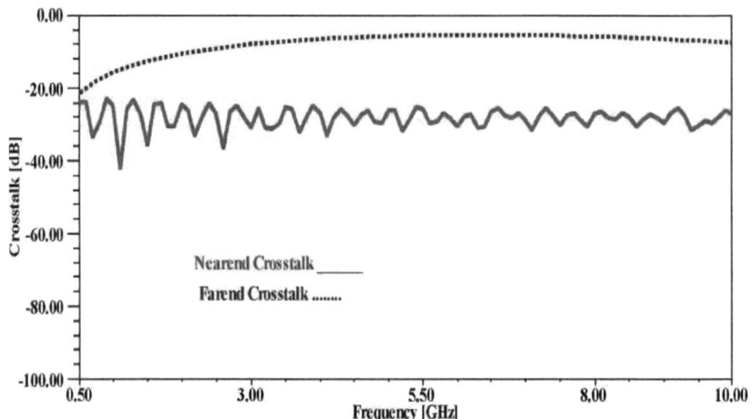

Figura 4.11 Resultados das medições NEXT e FEXT em função da frequência para as linhas serpentinas de microfita propostas para S=19 mils, D=60 mils e m=50%.

Resume o desempenho de uma classe de estruturas de interconexão propostas, nomeadamente linhas serpentinas microstrip modificadas, linhas serpentinas microstrip com mitra e pistas em forma de U. Os diagramas mostram que, de todas as estruturas de interligação propostas, as linhas microstrip paralelas com um traço de proteção em forma de U apresentam um melhor desempenho em termos de ruído.

4.5 CONCLUSÃO

Uma classe de novas estruturas de interconexão microstrip foi implementada em módulos de memória DDR3 para reduzir o jitter causado por FEXT, NEXT e crosstalk. A aplicação das novas estruturas de interconexão microstrip ao canal de interface SSTL DRAM com uma capacitância do pino de entrada DRAM de 3,5 pF mostrou que as estruturas propostas aumentaram a taxa máxima de dados de 800 Mbps para 3,3 Gbps e reduziram o CIJ em mais de 2 ps.

REFERÊNCIAS

1. Stephen, H., Hall, Garrett, M., Hall, James, A. & McCall 2000, 'High speed digital system design- a handbook of interconnect theory and design practices', John Wiley & Sons, Inc, USA.
2. Achar, R & Nakhla, MS 2001, 'Simulation of high-speed interconnects', Proceedings of the IEEE , vol. 89, no. 5, pp. 693-728.
3. Deutsch, A, Kopcsay, GV, Restle, PJ, Smith, HH, Katopis, G, Becker, WD, Coteus, PW, Surovic, CW, Rubin, BJ, Dunne, RP, Gallo, T, Jenkins, KA, Terman, LM, Dennard, RH, Sai-Halasz, GA, Krauter, BL & Knebel, DR 1997, "When are transmission-line effects important for on-chip interconnections?", IEEE Transactions on Microwave Theory and Techniques, vol. 45, no. 10, pp. 1836-1846.
4. Edwards, TC & Steer, MB 1981, 'Foundations of interconnect and microstrip design', terceira edição, John Wiley & Sons, Inc, Inglaterra.
5. Rohit Sharma & Tapas Chakravarty 2012, "Compact models and measurement techniques for high-speed interconnects", Briefs in Computer Science and Electrical Engineering, EUA.
6. Gupta, KC, Ramesh Garg, Inder Bahl & Prakash Bhartia, 1996, 'Microstrip lines and slot lines', Segunda Edição, Artech House, Norwood,MA.
7. Robert, M & Barrett 1955, 'Microwave printed circuits- A historical survey', IRE Transactions on Microwave Theory and Techniques', vol. 3, no. 2, pp. 1-9.
8. Grieg, DD & Engelmann, HF 1952, 'Microstrip- A new transmission technique for the kilomegacycle range', Proceedings of the IRE. pp. 1644-1650.
9. Kostriza, JA 1952, "Microstrip components", Proceedings of the IRE, p. 16581663.
10. Seymour, B. & Cohn 1969, 'Slot line on a dielectric substrate', IEEE Transactions on Microwave Theory and Techniques', vol. 17, no. 10,pp. 768-778.
11. Cam Nguyen 2000, "Analysis methods for RF, microwave and millimeter-wave planar transmission line structures", John Wiley & Sons, Inc.
12. Elio, A., Mariani, Charles, P., Heinzman, John, P., Agrios & Seymour, B., Cohn 1969, 'Slot line characteristics', IEEE Transactions on Microwave Theory and Techniques', vol. 17, no. 12, pp. 1091-1096.
13. Cheng Wen P 1969, 'Coplanar waveguide: A surface strip transmission line suitable for nonreciprocal gyromagnetic applications', IEEE Transactions on Microwave Theory and Techniques', vol. 17, no. 12, p p. 1087-1090.
14. Jeong, SH, Yoon, SJ, Yook, JG, Lee, SG & Kim, YJ 2001, 'Elevated CPW for

high speed digital interconnects', International Symposium on Antennas and Propagation Society, pp. 541-544.

15. Knorr, JB & Kuchler, K 1975, 'Analysis of coupled slots and coplanar strips on dielectric substrate' IEEE Transactions on Microwave Theory and Techniques, vol. 23, no. 7, pp. 541-548.
16. Eric Bogatin 2003, "Signal Integrity Simplified", Prentice Hall, EUA.
17. Stephen Theirurf 2011 "Understanding signal integrity", Artech House Norwood.
18. Kyoungho Lee, Hae Kang Jung, Hyung Joon Chi, Hye Jung Kwon, Jae Yoon Sim & Hong-June Park 2010, 'Serpentine microstriplines with zero farend crosstalk for parallel high speed DRAM interfaces', IEEE Transactions on Advanced Packaging, vol. 33, no. 2, pp. 552-558.
19. James, Buchwalter F & Ali Hajimiri 2006, 'Cancellation of crosstalk-induced jitter', IEEE Journal of Solid State Circuits', vol. 41, no. 3, pp. 621-632.
20. Leung, SW, Lixi Wan & Ip, CM 1999, 'Modeling of the ground bounce effect on PCBs for high speed digital circuits', IEEE International Symposium on Electromagnetic Compatibility, p. 110-115.
21. Jie Qin, Victor Granatstein & Omar, M, Ramahi 2007, 'Effect of planar electromagnetic bandgap structures on signal integrity', IEEE Antennas and Propagation Society International Symposium.
22. Van Deventer, TE, Katchi, LPB & Cangellaris, AC 1994, 'Analysis of conductor losses in high speed interconnects', IEEE Transactions on Microwave Theory and Techniques, vol. 42, no. 1, pp.78-83
23. Soorya Krishna, K & Bhat, MS 2010, "Impedance matching for the reduction of via induced signal reflection in on-chip high speed interconnect lines", Conferência Internacional do IEEE sobre Tecnologias de Comunicação, Controlo e Computação, pp. 120-125.
24. Allen Taflove & Susan, Hagness C 2000, "Computational electrodynamics - The finite - Difference time - Domain method", Artech House, Londres.
25. Dennis Sullivan, M 2000, 'Electromagnetic simulation using the FDTD method', IEEE Press series on RF and Microwave Technology.
26. Douville, RJP & James, DS 1978, 'Experimental study of symmetric microstrip bends and their compensation', IEEE Transactions on Microwave Theory and Techniques, vol. 26, no. 3, pp. 175-182.
27. Guia do utilizador do Ansoft HFSS 2014, "High Frequency Structure Simulator", Ansoft, Pittsburgh.

Printed by Books on Demand GmbH, Norderstedt / Germany